AF481592
LIBRO 2
PARTE II

COLECCIÓN

DEL COLEGIO A LA UNIVERSIDAD II

CÁLCULO VECTORIAL

Sistema de coordenadas rectangular tridimensional. Esfera

CON APLICACIONES EN LA VIDA COTIDIANA

Pasitos de bebé ...

GABRIEL LOA

LIMA - PERÚ

LIBRO 2- PARTE II

CÁLCULO VECTORIAL

Sistema de coordenadas rectangular tridimensional. Esfera

Autor-Editor:
© Gabriel Gustavo Aguilar Loa
Av. María Parado de Bellido-Santa Anita
Teléfono 977826184
gabriel.libros@gmail.com
Lima-Perú

Primera edición digital, octubre 2020

Hecho el Depósito Legal en la Biblioteca Nacional del Perú con número 202006867

ISBN: 9798561116650

Sello: Independently published

Libro electrónico disponible en AMAZON:
https://www.amazon.com/

Facebook: Matemática superior pasito a pasito

DEDICATORIA

A mi esposa Silvia y a mi hijo Piero, quienes aceptaron sacrificar muchas horas que les pertenecía, y les agradezco sobremanera por seguir mi sueño, quizás incomprendido.

A mi madre, Alejandrina Loa, mamá gallina, te extraño mucho alejita y sigo tu ejemplo.

A mi padre, Gabriel Aguilar, por sus consejos y su ejemplo de trabajo.

A mis hermanos, Benjie, Mila, Kelly y el incomprendido de Richie, gracias por su paciencia.

PRESENTACIÓN

Estimado lector, le presento este nuevo trabajo que tiene como título, **Cálculo vectorial con aplicaciones en la vida cotidiana,** *pasitos de bebe,* de esta forma seguir contribuyendo en su formación académica en los diversos niveles de enseñanza superior y en su crecimiento personal. Se trata de la **Colección DEL COLEGIO A LA UNIVERSIDAD II,** que consiste de 9 libros identificados como: 1, 2, 3, 4, 5, 6, 7, 8 y 9.

ESTRUCTURA DE LOS LIBROS

Estimado lector, cada libro presenta la siguiente estructura:

1. Presentación del capítulo, el cual está conformado por secciones.

2. Motivación y competencia del capítulo (con aplicaciones en la vida diaria).

3. Presentación de cada sección (con aplicaciones de situaciones del día a día).

4. El MARCO TEÓRICO en detalle y los tópicos (temas diversos de la sección) son enumerados y lo llamamos **artículos,** que son desarrollados con la rigurosidad que la matemática exige.

5. Los EJEMPLOS ILUSTRATIVOS que ejemplifican una propiedad, un teorema, un principio, etc.

6. Los EJERCICIOS que refuerzan lo anterior, con un procedimiento muy detallado.

7. Los teoremas destacados en color azul (para distinguirlo rápidamente) con su respectiva demostración paso a paso.

8. El diseño de los GRÁFICOS son muy, pero muy descriptivos y las TABLAS elaboradas, son originales, que nos permite organizar la información, para el aprendizaje y rápida comprensión de los problemas de la vida diaria.

9. DEBES SABER QUE, son las notas que siempre debe leer.

10. Al final de cada sección se dispone de un par de hojas en blanco para tomar anotaciones y así, documentar su aprendizaje.

La **Colección DEL COLEGIO A LA UNIVERSIDAD II,** comprende los siguientes capítulos distribuidos de forma apropiada en los 9 libros:

- ✓ Capítulo 1: Geometría analítica plana
- ✓ Capítulo 2: Geometría analítica vectorial bidimensional
- ✓ Capítulo 3: Geometría analítica vectorial tridimensional
- ✓ Capítulo 4: Funciones vectoriales de variable real
- ✓ Capítulo 5: Funciones de varias variables.
- ✓ Capítulo 6: Integrales múltiples
- ✓ Capítulo 7: Integración en campos vectoriales.

Además, cada libro de la **Colección DEL COLEGIO A LA UNIVERSIDAD II,** contiene dos secciones denominadas **NOTEBOOKS I y II** de diferentes niveles, los cuales son libros de trabajo. Contienen los **EJERCICIOS PROPUESTOS SÓLO PARA TRIUNFADORES** (porque usted será un triunfador cuando resuelva los ejercicios y se sentirá muy bien, ya lo verá).

Los **NOTEBOOKS** permiten una autoevaluación y práctica constante, en todo momento dirigido por el autor, a través de las indicaciones y sugerencias que encontrará en los ejercicios. El objetivo es que usted compruebe, interiorice y confirme los conocimientos adquiridos. Disfrutará su aprendizaje.

Comprende dos secciones: **Comunicación matemática** y luego, **el Modelamiento y resolución matemática.**

El primero, contiene preguntas teóricas en diversas modalidades: para marcar verdadero o falso, con su respectiva justificación; preguntas para responder en forma concisa; preguntas abiertas; crear un ejercicio según indicaciones; demostración de teoremas; a partir de un gráfico o datos reconstruir el enunciado y por último, se presenta el ejercicio y se le pide responder en forma verbal (solo texto) sin escribir alguna fórmula y sin desarrollarlo, permitiéndole manejar un lenguaje matemático (como aprender algún idioma extranjero). Al final de cada NOTEBOOK tenemos una miscelánea, que son ejercicios que combinan diversos tópicos de la sección (requieren mayor dominio matemático).

Los libros 5, 6, 8 y 9 contienen una cantidad de **PROBLEMAS DE APLICACIÓN RESUELTOS** en la vida cotidiana. Mientras que los libros 5 y 6 contienen una cantidad de **PROBLEMAS DE APLICACIÓN PROPUESTOS** también en el día a día. Por último, los libros 8 y 9 contienen un APÉNDICE de **Introducción a las ecuaciones diferenciales.**

Finalmente, estimado lector haga un esfuerzo y llévese la **Colección DEL COLEGIO A LA UNIVERSIDAD II,** (9 libros de más 700 páginas cada uno) que le permitirá comprender la hermosa ciencia llamada matemática ¡lo disfrutará! Siempre la matemática ha sido difícil aprenderlo y enseñarlo para millones de estudiantes y docentes, respectivamente. Me he propuesto cambiar esta manera de pensar, estoy seguro y convencido que, a partir de este momento, mis libros marcarán el inicio de una revolución en la E-A de esta hermosa ciencia, mal vista, mal enseñada, incomprendida, y, sin saber cómo aplicarlos en la vida real.

¿Por qué tener la Colección DEL COLEGIO A LA UNIVERSIDAD II?

Porque en cada página de los 9 libros, he creado una metodología que usted siempre imaginó, una forma de aprender matemática con sentido, es decir, que inicie a partir de una situación concreta (de una historia tomada de la vida real) y poco a poco aterrizar en lo abstracto. Tener presente lo importante y necesario saber de matemáticas y, llevarlo en diferente intensidad a sus respectivas especialidades.

De otro lado, le aconsejo pensar siempre en forma positiva, cuando inicie un emprendimiento (como el mío) y tenga que empezar de cero (como lo hizo este servidor) asuma riesgos, pero sea altamente disciplinado y perseverante, porque vencer los obstáculos nos permitirá crecer, y de esa manera ayudar a los demás. ¡Sí se puede!

Gabriel Loa

Estimado lector, el **LIBRO 2** es el segundo libro de la **Colección DEL COLEGIO A LA UNIVERSIDAD II de CÁLCULO VECTORIAL,** y está conformado por cuatro libros, denominados:

- ➤ LIBRO 2- Parte I
- ➤ LIBRO 2- Parte II
- ➤ LIBRO 2- Parte III
- ➤ LIBRO 2- Parte IV

El LIBRO 2 - Parte II contiene el capítulo Geometría analítica vectorial tridimensional, que comprende la sección:

Sistema de coordenadas rectangulares tridimensionales. Esfera.

Esta sección con sus respectivos NOTEBOOK I y II, siguiendo la estructura y metodología descrito en la presentación. A continuación, veremos en las siguientes imágenes, la problemática del aprendizaje de los estudiantes y después la problemática de la enseñanza de los docentes. Por último, tenemos el contenido del LIBRO 2 así como el LIBRO 2- Parte II.

Gabriel Loa

Amigo estudiante

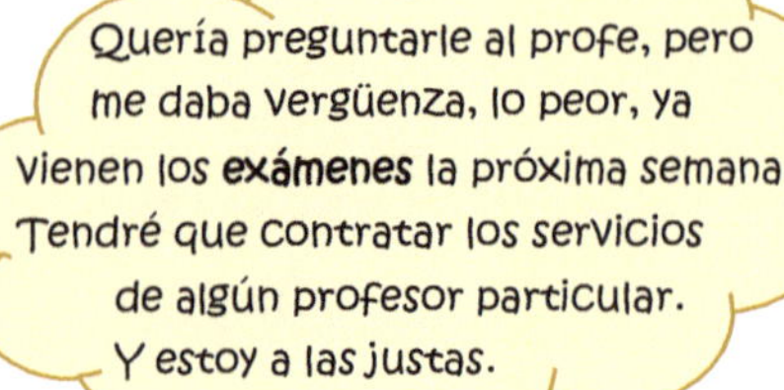

Estimado estudiante, quiero dirigirme a usted, que es la razón de que ésta obra vea la luz. El libro será un apoyo muy importante, pero siga por favor las siguientes sugerencias: ten a la mano siempre un lápiz, un borrador, un resaltador, colores, una regla y una calculadora (Casio fx-350 ES). Lee en voz alta desde el inicio (que no le de vergüenza), resalte las palabras que le llamen la atención, escribe en los espacios en blanco, siempre tome apuntes (la mano es poderosa memoria). Resuelve los ejemplos ilustrativos, los ejercicios resueltos pasito a pasito, los PROBLEMAS DE APLICACIÓN en la vida cotidiana, hasta las "temibles" demostraciones de teoremas. De esa manera, llenará de información su mente, tendrá más experiencia y confianza para afrontar los ejercicios y problemas de aplicación **propuestos**, que se encuentran en la siguiente sección.

Finalmente, estimado amigo, le animo a estudiar, investigar, a superar obstáculos, a creer en sí mismo, porque así es la vida cotidiana, y esta hermosa ciencia le dará las herramientas **para ser exitoso en la vida, respetando el medio ambiente y ayudando a vuestra comunidad.**

Gabriel Loa

Estimado colega, este libro forma parte de los 9 libros de la COLECCIÓN DEL COLEGIO A LA UNIVERSIDAD II, tiene como objetivo fundamental que los estudiantes vayan al aula con **conocimiento previo** del tema a tratar (aula inversa), ¿cómo? Los libros de la colección tienen la metodología de Polya, las tres fases (comunicación matemática, modelamiento y resolución) y un desarrollo pasito a pasito en todos los artículos. De esa forma, me aseguro que los estudiantes puedan aprender solos desde su casa, siendo el resultado, que usted no tenga que desarrollar toda la teoría y los ejercicios, pues ellos, ya lo hicieron en este libro. Por lo que el tiempo en el aula será, para despejar algunas dudas y principalmente desarrollar las aplicaciones de la matemática en la vida cotidiana. Sumemos esfuerzos, toda sugerencia a: Gabriel.libros@gmail.com.

Gabriel Loa

LIBRO 2
PARTE II

CAPÍTULO 2

GEOMETRÍA ANALÍTICA VECTORIAL BIDIMENSIONAL

3.3. Superficies en el espacio tridimensional

Sección

Notebook I

Notebook II

CAPÍTULO

3

Geometría analítica vectorial tridimensional

CONTENIDO:

LIBRO 2
Parte II
3.1. Sistema de coordenadas rectangular tridimensional. Esfera
Gabriel Loa

MOTIVACIÓN Y COMPETENCIA

Geometría analítica vectorial en 3D

Amigo lector, cuando la sonda Mars Polar Lander (MPL) se posó en la superficie del planeta rojo, las coordenadas de la Tierra (T) y Marte (M) en unidades astronómicas ($1UA = 1{,}49 \times 10^8$km), fueron:

$$T = (0{,}318 \, , 0{,}933 \, , 0{,}000) \text{ y } M = (1{,}309 \, , -0{,}442 \, , -0{,}041).$$

Con esta importante información se puede graficar un diagrama que muestre la posición del Sol, la Tierra y Marte el día que MPL se posó en Marte, calcular las distancias entre ellos, el ángulo que había entre la dirección al Sol y la de Marte el día que aterrizó la nave (visto desde la Tierra), etc. En la segunda imagen, la notación vectorial junto con el producto punto pueden emplearse para almacenar datos. Por ejemplo, una compañía de inversiones vende acciones de los tipos X, Y y Z. Entonces, si R dólares es el ingreso total obtenido por las tres acciones en ese día, tal que $R = \mathbf{A} \cdot \mathbf{S}$, donde $\mathbf{A}$ y $\mathbf{S}$ son vectores en el espacio tridimensional. Por último, la Tierra no es una esfera perfecta como puede parecer en las fotos que vemos y que se han hecho desde el espacio, y la responsable, es la rotación. La Tierra tiene un eje de rotación y los puntos más cercanos a la línea ecuatorial tienen una velocidad lineal más grande que los polos, provocando que con el paso del tiempo y con los sucesivos giros, la zona de los polos sea cada vez más ancha y el planeta se achate.

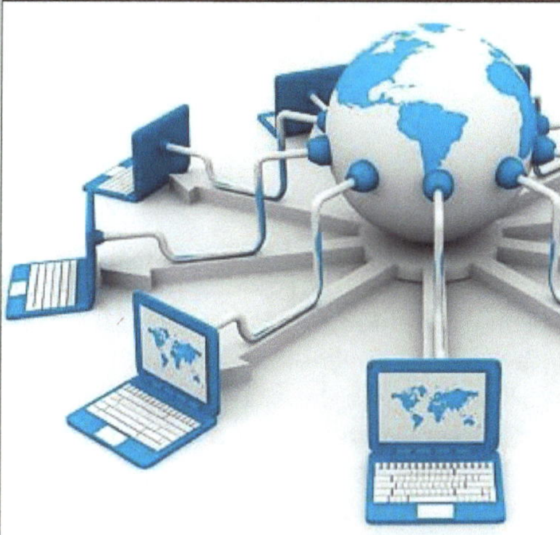

Competencia

Al término de esta sección, el estudiante será capaz de plantear, interpretar y resolver algoritmos, desarrollar estrategias heurísticas, elaborar modelos matemáticos, utilizando para ello los conceptos y fundamentos del Sistema de coordenadas rectangular tridimensional y la Esfera de forma ordenada y rigurosa en problemas que les permitirá tomar decisiones, mostrando capacidad de trabajo en equipo, perseverancia y confianza al desarrollar situaciones problemáticas de contexto real.

Contenido general

3.1. Sistema de coordenadas rectangular en el espacio

277. Introducción:

Amigo lector, en el primer capítulo vimos que algunos gráficos bidimensionales son más fáciles de representar en coordenadas polares que en coordenadas rectangulares. Algo parecido ocurre con las superficies en el espacio. Para aplicar el cálculo en muchos casos de la vida cotidiana, necesitamos hacer una descripción matemática del espacio tridimensional. Por ejemplo en los fenómenos de la naturaleza, y las actividades que usted y yo realizamos en el día a día, no se llevan a cabo en un papel (en dos dimensiones), sino más bien se realizan en el espacio tridimensional.

Es decir, estableceremos coordenadas en el espacio, agregando un tercer eje que mida la distancia hacia arriba y hacia abajo del plano xy. Imagínese que usted se encuentra en su departamento muy confortable, diríjase a la esquina izquierda, bien, la intersección de las dos paredes y el piso representaría el origen (punto O), la pared a su izquierda es el plano xz, el eje x corre a lo largo de la intersección del piso y la pared izquierda, mientras que el eje z corre hacia arriba desde el piso hacia el techo, usted se encuentra en el primer octante. En este capítulo presentaremos los sistemas de coordenadas y los vectores en el espacio.

278. Sistema de coordenadas rectangular en el espacio tridimensional:

Recuerde, para localizar un punto en el plano, son necesarios dos números. Una manera de describir la posición de un punto P es asignarle coordenadas relativas a dos ejes mutuamente ortogonales (perpendiculares) denominados ejes x y y. Si P es el punto de intersección de la recta $x = a$ (perpendicular al eje x) y la recta $y = b$ (perpendicular al eje y), entonces el par ordenado (a, b) de números reales son las coordenadas rectangulares o cartesianas del punto, es decir, a es la coordenada de x y b la coordenada de y, por esta razón, el plano se llama bidimensional (figura 220-I). Para localizar un punto en el espacio, son necesarios tres números, para ello, se construye un sistema de coordenadas rectangulares utilizando tres ejes coordenados mutuamente perpendiculares (eje x, eje y y eje z), los cuales se intersecan en un punto denominado origen O. Comúnmente, se considera que los ejes x y y son horizontales, y que el eje z es vertical (figura 220-II). La disposición de los ejes sigue la **regla de la mano derecha**, es decir, para conocer la dirección del eje z, los dedos de la mano derecha (de meñique a índice), deben apuntar en la dirección del eje x positivo y se curva hacia el eje y positivo (sentido antihorario de las agujas del reloj), entonces el pulgar apuntaría hacia el eje z positivo, perpendicular al plano de los ejes x y y. En un sistema de coordenadas de la mano izquierda, el eje z positivo apuntaría hacia abajo y los ángulos en el plano serían positivos cuando se miden en sentido horario a partir del eje x positivo. Veamos la figura 220.

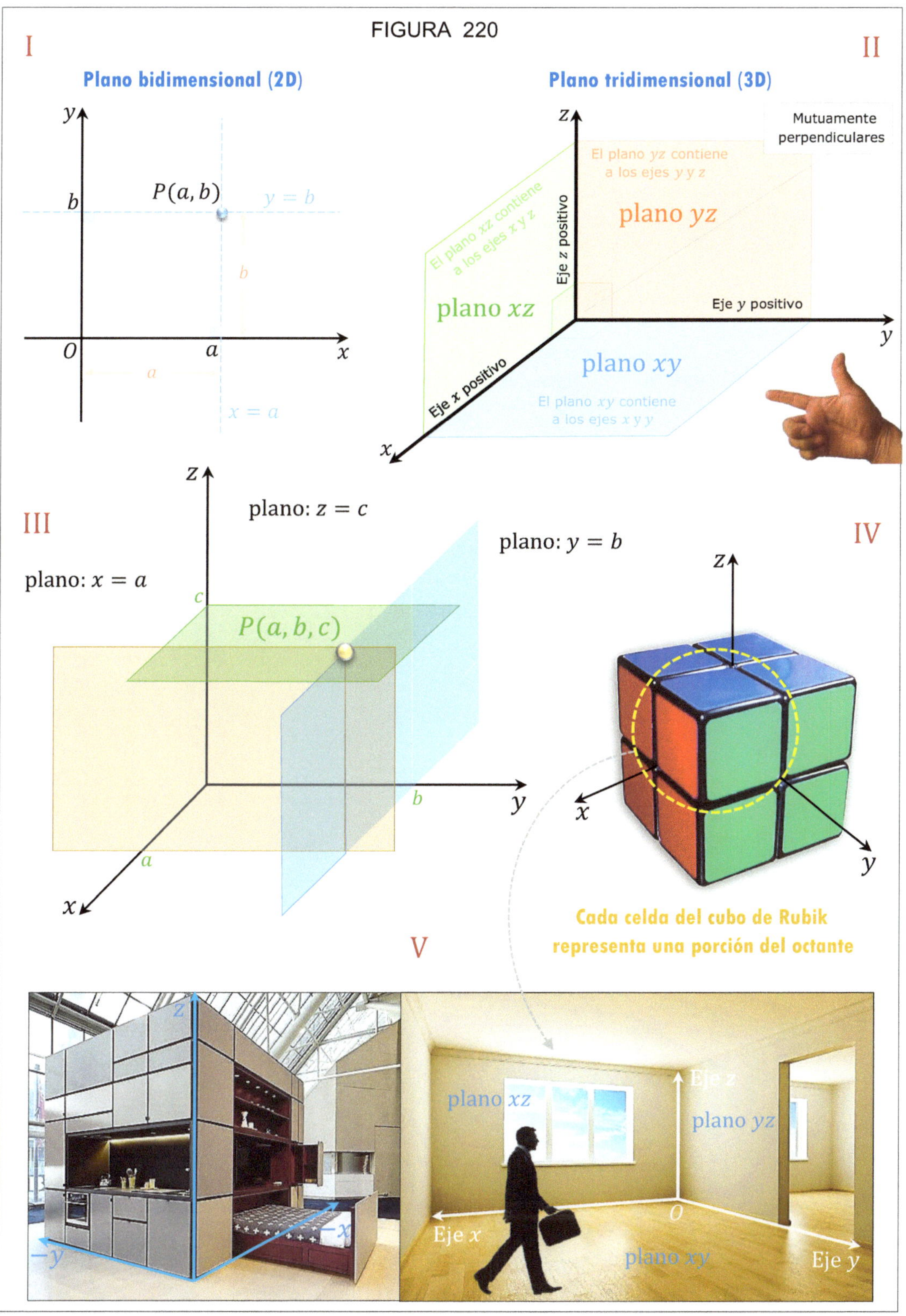

Ahora bien, si $x = a$, $y = b$ y $z = c$, se formarían tres planos perpendiculares a los ejes x, y y z respectivamente, el punto P en el cual estos planos se intersecan puede representarse en el espacio mediante una terna ordenada (a, b, c) de números reales, que son las **coordenadas rectangulares o cartesianas** (figura 220-III) de P, cuya notación está dado por $P = (a, b, c)$.

Los tres ejes determinan tres planos: yz, xz y xy, que dividen al espacio en ocho celdas llamadas **octantes.** El octante en el cual todas las coordenadas de un punto son positivas se llama primer octante (no hay un acuerdo para nombrar a los otros siete octantes). Es sabido que existe cierta dificultad para visualizar figuras en tres dimensiones, para ello, le sugiero lo siguiente, vaya a su sala (figura 220-V), mire la esquina inferior y llame a la esquina, el origen (punto O), la pared a su izquierda es el plano xz, la pared de enfrente es el plano yz, y el piso es el plano xy. El eje x corre a lo largo de la intersección del piso y la pared izquierda, el eje y corre a lo largo de la intersección del piso y la pared de enfrente, mientras que el eje z corre hacia arriba desde el piso hacia el techo a lo largo de la intersección de las dos paredes, usted se encuentra en el primer octante. En el **cubo de Rubik** se ve ocho celdas, cada celda sería un octante (porción) y usted estaría en la celda encerrada en el círculo (vea la figura 220-IV). Por último, aparte del sistema de coordenadas rectangular en el espacio tridimensional, existen otros sistemas de coordenadas: las **coordenadas cilíndricas** (sección 6.8) y las **coordenadas esféricas** (sección 6.9).

Ejemplo ilustrativo 63:
Gráfica de un plano. El plano $x = 2$ es el plano perpendicular al eje en $x = 2$. Dibújelo en el sistema coordenado cartesiano tridimensional. La figura 221 muestra dicho plano.

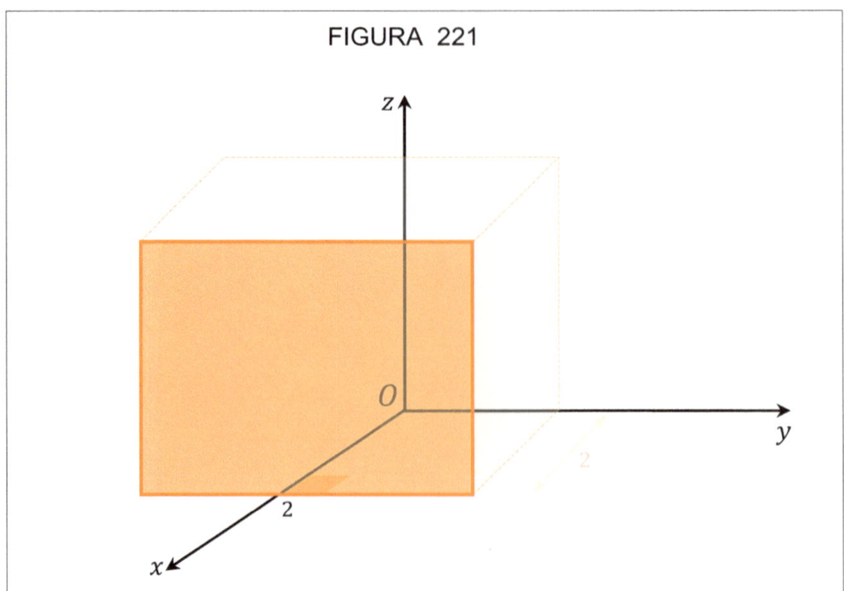

Ejemplo ilustrativo 64:
Gráfica de un plano. El plano $y = 3$ es el plano perpendicular al eje en $y = 3$. Dibújelo en el sistema coordenado rectangular en el espacio. Veamos la figura 222.

Ejemplo ilustrativo 65:
Gráfica de un plano. El plano $z = 1{,}8$ es el plano perpendicular al eje en $z = 1{,}8$. Grafíquelo en el sistema coordenado cartesiano tridimensional. Veamos la figura 223.

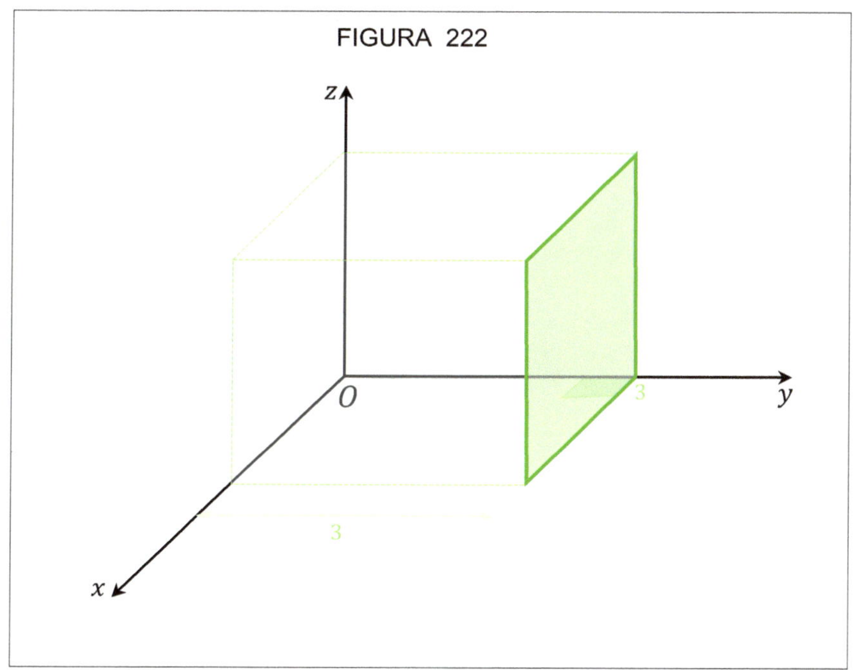

FIGURA 222

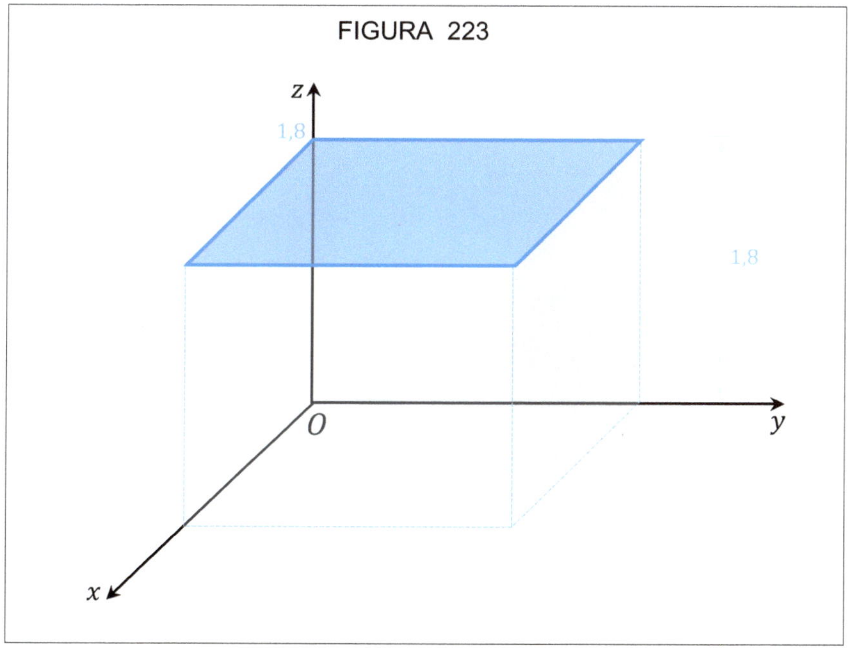

FIGURA 223

Ejemplo ilustrativo 66:

Ubicación de puntos. Lleve a cabo la graficación de los puntos en el espacio tridimensional:

A) $(4,5,6), (-2,-2,0)$ y $(-3,2,-5)$,

B) Si $a > 0$, $(a,0,0)$,

C) $(0,b,c)$ si b y $c > 0$,

D) $(0,0,c)$ si $c > 0$.

Veamos la figura 224. Amigo lector, para ubicar un punto espacial, siga el orden de las flechitas, desplazándose en forma paralela a los ejes en cada porción de octante.

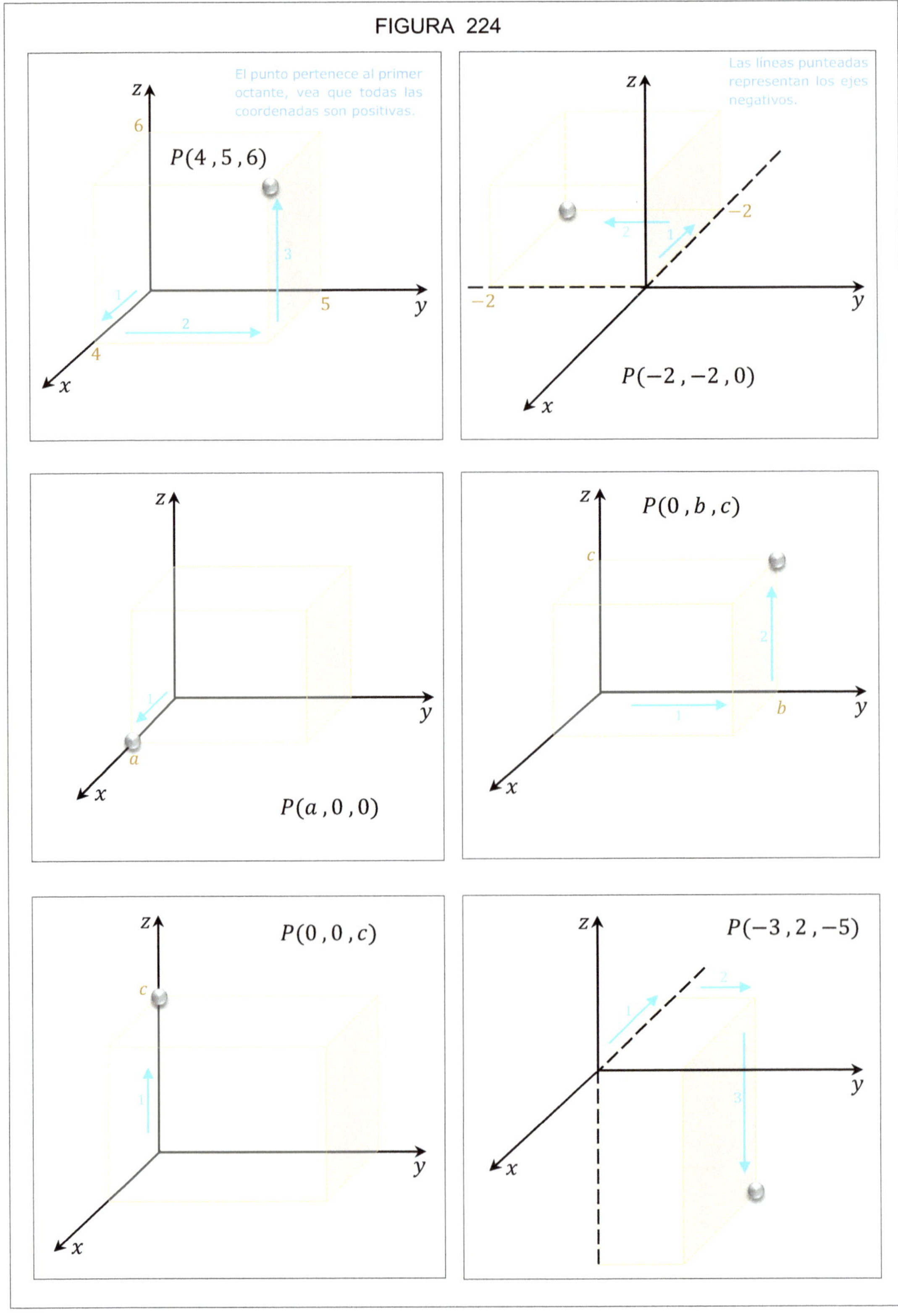

Ejemplo ilustrativo 67:

Intersección de planos. La figura 225 muestra los tres planos $x = 2$, $y = 3$ y $z = 1,8$, y el respectivo punto de intersección $(2, 3, 1,8)$. Note que los planos $x = 2$ y $y = 3$, se intersecan en una recta paralela al eje z. De forma similar los planos $y = 3$ y $z = 1,8$, se intersecan en una recta paralela al eje x, y los planos $x = 2$ y $z = 1,8$, se intersecan en una recta paralela al eje y.

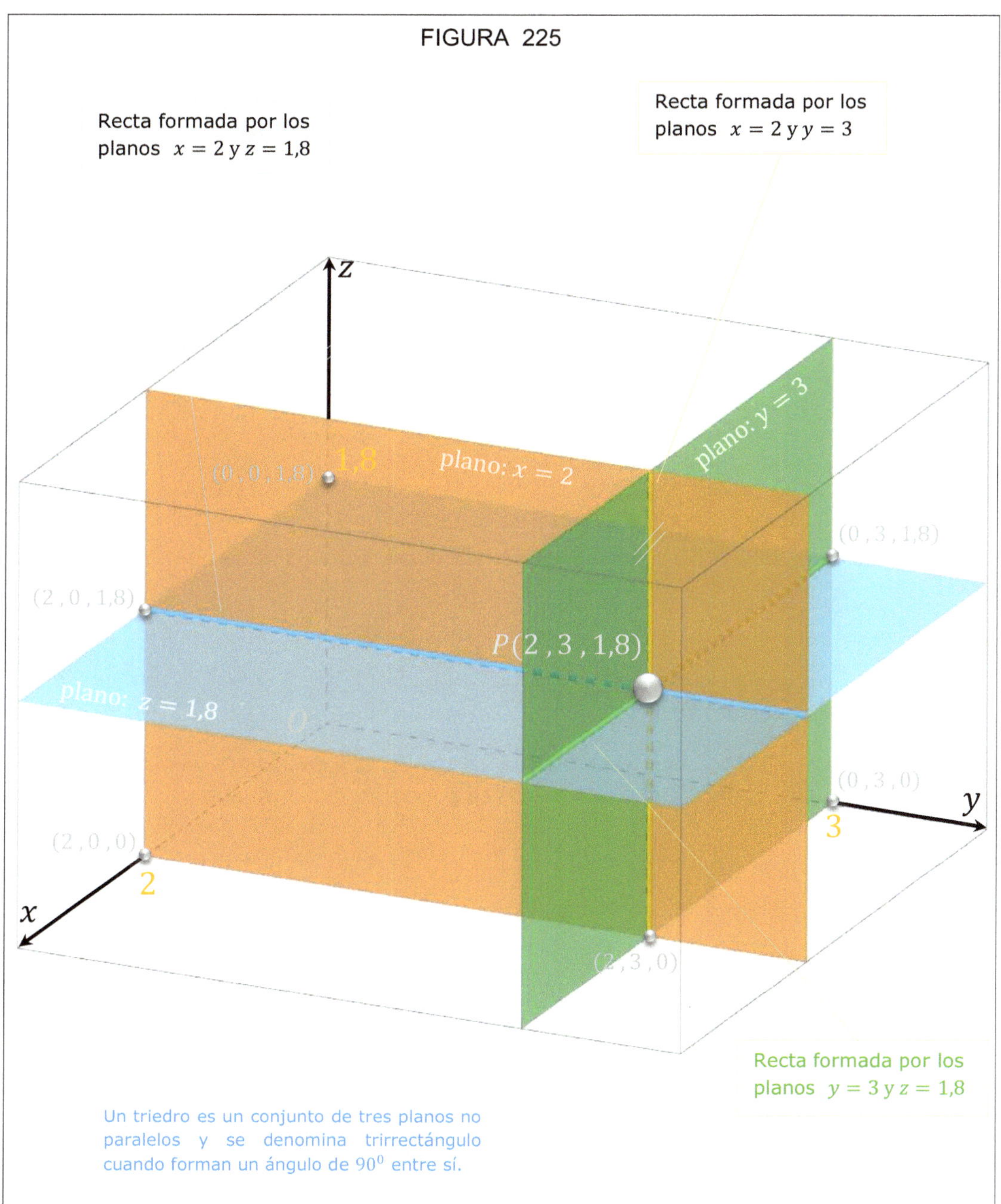

Ejemplo ilustrativo 68:

Interpretación geométrica. Interprete en forma geométrica las ecuaciones y desigualdades dadas. Veamos la tabla 50.

TABLA 50

Condición matemática	Interpretación geométrica
$x = -2$	Se trata de un plano perpendicular al eje x en $x = -2$. Este plano es paralelo al plano yz y está a dos unidades atrás de él.
$z \geq 0$	Representa el semiespacio (en forma equivalente a 4 octantes) que consta de los puntos que están en el plano xy, y por encima de él.
$z = 0$, $\quad x \leq 0$ y $y \geq 0$	Es la representación simbólica del segundo cuadrante del plano xy.
$-2 \leq y \leq 2$	Es el espacio comprendido entre los planos $y = -2$ y $y = 2$ (con estos planos incluidos). De lo contrario sería $-2 < y < 2$.
$y = 1$ y $z = 3$	Es la recta donde se intersecan los planos $y = 1$ y $z = 3$. Dicho en otras palabras, es la recta paralela al eje x que pasa por el punto $(0,1,3)$.

279. Lugar geométrico-Curva y superficie: En los primeros dos capítulos, estudiamos la Geometría analítica bidimensional, donde la gráfica de una ecuación en x y y, es una curva en $\mathbb{R}^2$. Es decir, si tenemos una ecuación de dos variables, x y y, representada en forma simple como: $f(x,y) = 0$, existen infinitos pares de valores de x y y (puntos del plano) que satisfacen esta ecuación. Cada uno de tales pares de valores reales se toma como las coordenadas (x,y) de un punto en el plano. A dichos puntos que satisfacen (pertenecen a la gráfica) la ecuación dada se denomina gráfica de la ecuación o, también, su **lugar geométrico**. Mientras que en Geometría analítica tridimensional, una ecuación en x, y y z representa una superficie en $\mathbb{R}^3$ (la cual estudiaremos más adelante, en la sección 3.3).

Ejercicio 186:
Planos horizontal y vertical. ¿Qué superficies en $\mathbb{R}^3$ están representadas por las siguientes ecuaciones, $z = 2$ y $y = 4$?

Pasos:
1. Sabemos que el producto cartesiano $\mathbb{R} \times \mathbb{R} \times \mathbb{R} = \{(x,y,z)|\ x,y,z \in \mathbb{R}\}$, es el conjunto de todas las ternas ordenadas de números reales y se denota por $\mathbb{R}^3$.

2. Luego, la ecuación $z = 2$ es el conjunto $\{(x,y,z)|\ z = 2\}$, que representa el conjunto de todos los puntos en $\mathbb{R}^3$, cuya coordenada z es 2. La superficie está formada por los puntos $P(x,y,z)$ que tienen la forma $P(0,0,2)$, se trata de un plano horizontal que es paralelo al plano xy, a dos unidades de él. Observa la figura 223, ahora es 0,2 unidades más arriba.

3. Finalmente, de forma similar para la ecuación $y = 4$, representa el conjunto de todos los puntos en $\mathbb{R}^3$, cuya coordenada y es 4. La superficie está formada por los puntos $P(x,y,z)$ que tienen la forma $P(0,4,0)$, se trata de un plano vertical que es paralelo al plano xz, a cuatro unidades de él. Observa la figura 222, ahora imagínese una unidad más hacia la derecha.

Ejemplo ilustrativo 69:
Ubicación de un punto en tres dimensiones. Halle las coordenadas del siguiente punto: se localiza tres unidades detrás del plano yz, cuatro unidades a la derecha del plano xz, y cinco unidades arriba del plano xy. El plano yz está a su derecha, por tanto, el punto se encuentra a su espalda, la coordenada en el eje x es negativa y será -3. Luego, cuatro unidades a la derecha del plano xz, quiere decir, que se mueve paralelo al eje y positivo, su coordenada es 4, y finalmente, sube cinco escalones hacia el techo, su coordenada en el eje z es 5. Por tanto, el punto pedido es $(-3,4,5)$. Tome como referencia la figura 220-V y 224.

Ejercicio 187:

Circunferencia en un plano. ¿Qué puntos (x,y,z) satisfacen la ecuación $x^2 + y^2 = 4$ y $z = 3$?

Pasos:

1. La figura 226 muestra un gráfico que nos dará una idea más concreta acerca del ejercicio.

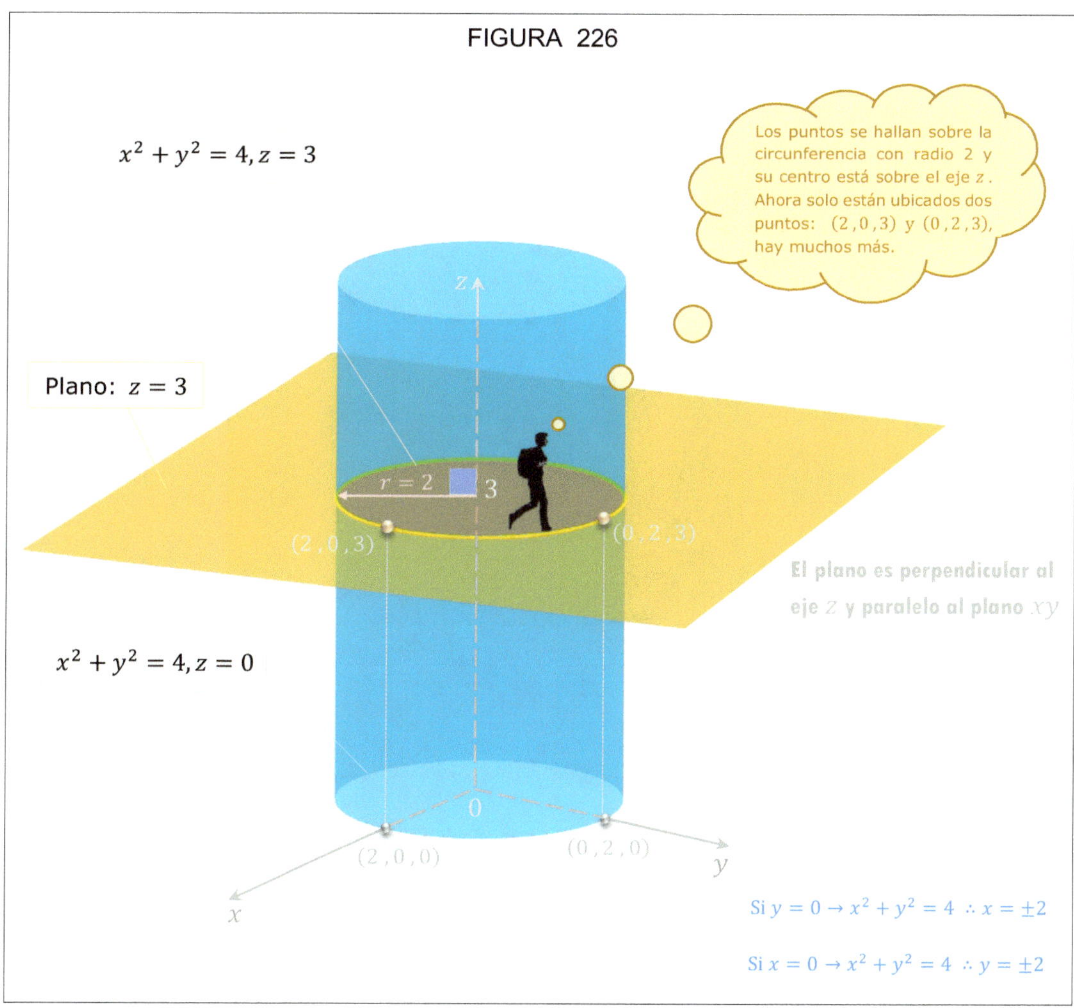

2. Finalmente, como los puntos están en el plano horizontal $z = 3$, entonces en este plano, forman la circunferencia $x^2 + y^2 = 4$. A este conjunto de puntos lo llamaremos la circunferencia $x^2 + y^2 = 4$ en el plano $z = 3$, o en forma simple: $x^2 + y^2 = 4$, $z = 3$.

Ejercicio 188:

Cilindro. ¿Qué representa la ecuación $x^2 + y^2 = 1$, como una superficie en $\mathbb{R}^3$?

Pasos:

1. Note que $x^2 + y^2 = 1$, no tiene restricción sobre z, vemos que el punto $P(x,y,z)$ podría estar sobre una circunferencia en cualquier plano $z = k, k \in \mathbb{R}$. Por tanto, la superficie dada $x^2 + y^2 = 1$ en $\mathbb{R}^3$ consiste de todas las circunferencias horizontales $x^2 + y^2 = 1$, $z = k$, generando un cilindro con radio 1, cuyo eje es el eje z.

2. Finalmente, el gráfico se muestra en la figura 227.

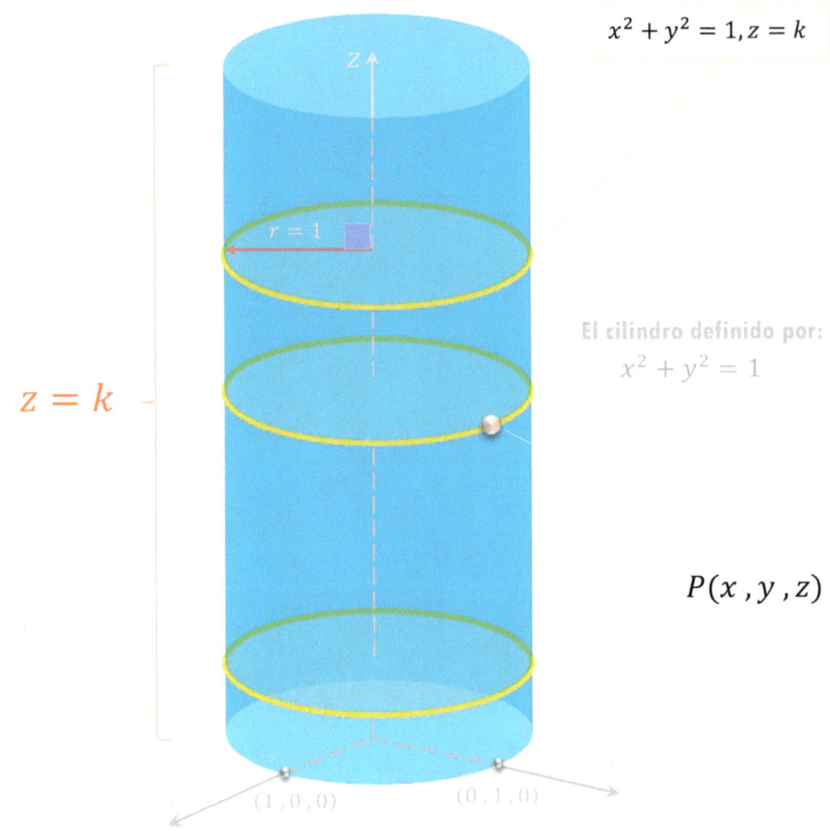

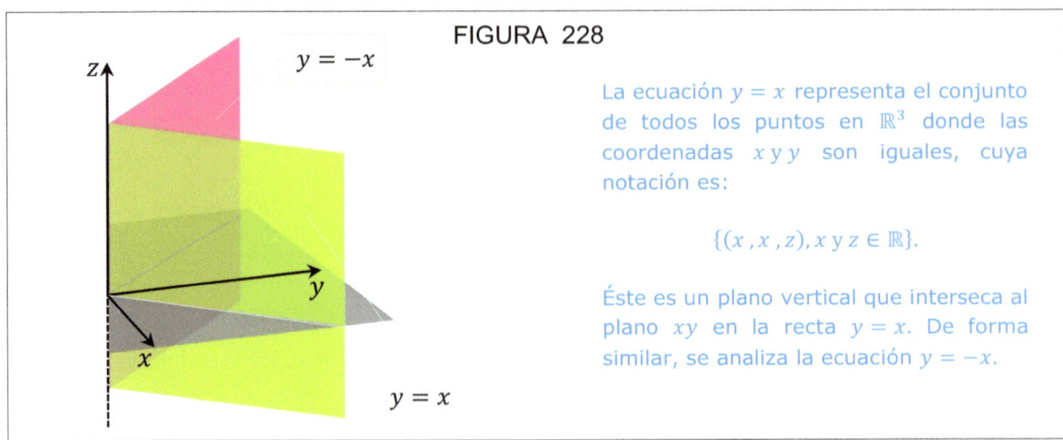

Ejercicio 189:

Dos planos. Dibuja y describe la superficie en $\mathbb{R}^3$ representado por la ecuación $y = |x|$.

Pasos:

1. La gráfica de la función valor absoluto se reduce a $y = x$ o $y = -x$. Veamos la figura 228.

2. Finalmente, la figura 228 nos indica el resultado.

280. Distancia no dirigida entre dos puntos en tres dimensiones:

Recuerde que muchas fórmulas utilizadas en el sistema de coordenadas bidimensionales pueden extenderse a tres dimensiones. Tal es el caso de la distancia no dirigida entre dos puntos (no importa el orden) en un sistema de coordenadas tridimensionales, en el cual se aplica el teorema de Pitágoras un par de veces. Veamos la figura 229.

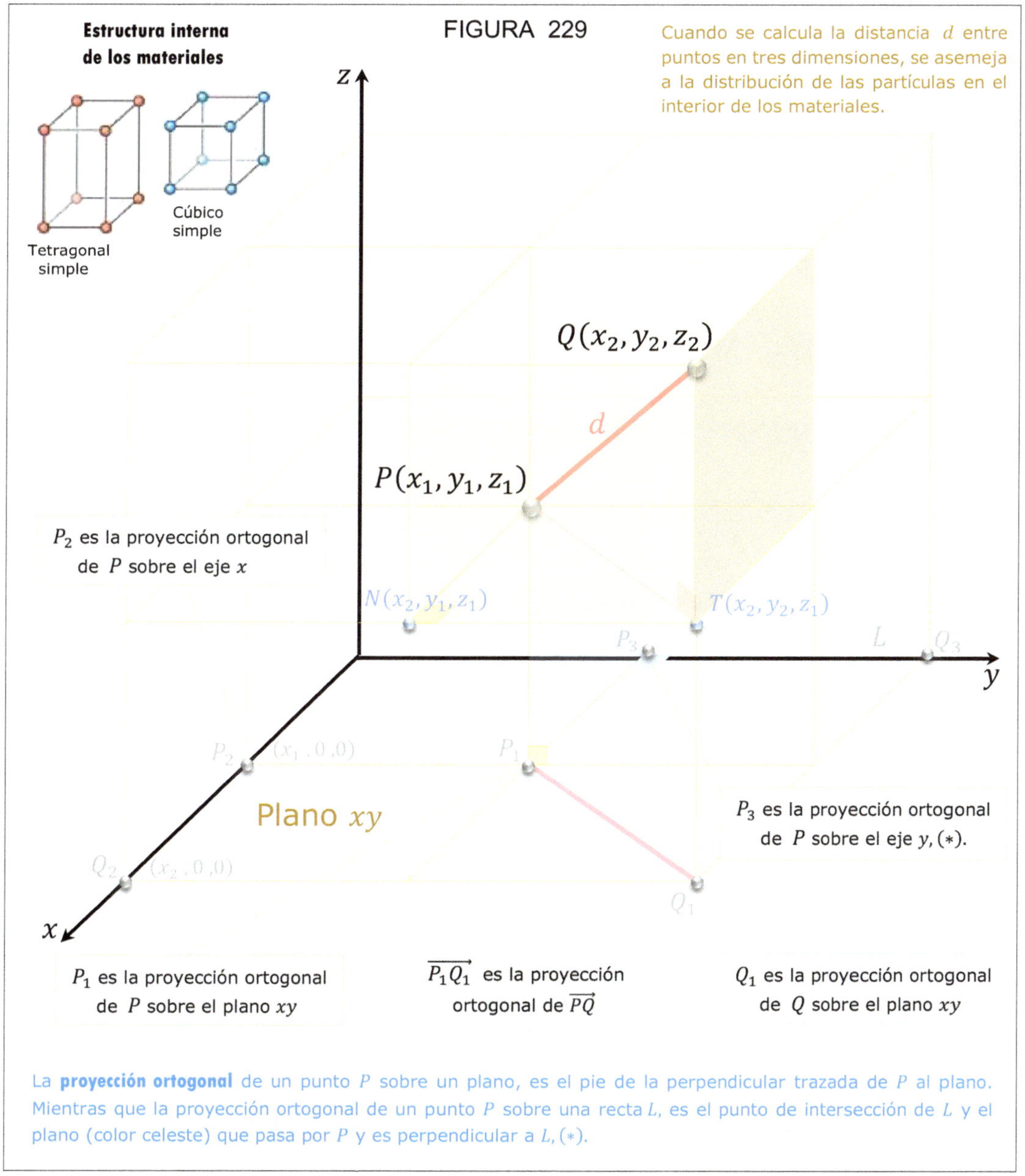

TEOREMA 81: Distancia no dirigida en tres dimensiones. La distancia denotada como d entre los puntos $P(x_1, y_1, z_1)$ y $Q(x_2, y_2, z_2)$, está dada por la fórmula:

$$d(P, Q) = \sqrt{(x_2 - x_1)^2 + (y_2 - y_1)^2 + (z_2 - z_1)^2}.$$

281. Demostración: En la figura 229 se tiene un paralelepípedo (como una caja de zapatos) donde P y Q son vértices opuestos y las caras de la caja son paralelas a los planos coordenados. Los puntos $N(x_2, y_1, z_1)$ y $T(x_2, y_2, z_1)$ son los vértices inferiores de la caja, tal que se forman los triángulos rectángulos PTQ y PNT, y por el teorema de Pitágoras, tenemos:

$$\left|\overline{PQ}\right|^2 = \left|\overline{PT}\right|^2 + \left|\overline{TQ}\right|^2 \quad \text{y} \quad \left|\overline{PT}\right|^2 = \left|\overline{PN}\right|^2 + \left|\overline{NT}\right|^2$$

ahora, sumamos miembro a miembro ambas expresiones, eliminándose $\left|\overline{PT}\right|^2$, veamos:

$$\left|\overline{PQ}\right|^2 = \left|\overline{TQ}\right|^2 + \left|\overline{PN}\right|^2 + \left|\overline{NT}\right|^2 \quad \cdots (1)$$

luego, usando la definición de distancia entre dos puntos (teorema 2 del primer capítulo):

$$\left|\overline{TQ}\right|^2 = (x_2 - x_2)^2 + \left(y_2 - y_2\right)^2 + (z_2 - z_1)^2 \;\rightarrow\; \left|\overline{TQ}\right|^2 = (z_2 - z_1)^2$$

$$\left|\overline{PN}\right|^2 = (x_2 - x_1)^2 + \left(y_1 - y_1\right)^2 + (z_1 - z_1)^2 \;\rightarrow\; \left|\overline{PN}\right|^2 = (x_2 - x_1)^2$$

$$\left|\overline{NT}\right|^2 = (x_2 - x_2)^2 + \left(y_2 - y_1\right)^2 + (z_1 - z_1)^2 \;\rightarrow\; \left|\overline{NT}\right|^2 = \left(y_2 - y_1\right)^2$$

sustituimos en (1) y ordenamos, resultando:

$$\left|\overline{PQ}\right|^2 = (x_2 - x_1)^2 + \left(y_2 - y_1\right)^2 + (z_2 - z_1)^2$$

$$\therefore d(P, Q) = \sqrt{(x_2 - x_1)^2 + (y_2 - y_1)^2 + (z_2 - z_1)^2}\,.$$

Ejercicio 190:
Distancia entre puntos. Determine la distancia entre los puntos $P(2, -1, 3)$ y $Q(1, 0, -2)$.

Pasos:
1. Identificando los términos $P(x_1, y_1, z_1) = P(2, -1, 3)$ y $Q(x_2, y_2, z_2) = Q(1, 0, -2)$, aplicamos la fórmula del teorema 81, como sigue:

$$d(P, Q) = \sqrt{(x_2 - x_1)^2 + (y_2 - y_1)^2 + (z_2 - z_1)^2}$$

$$d(P, Q) = \sqrt{(1 - 2)^2 + (0 - -1)^2 + (-2 - 3)^2} \;\rightarrow\; d(P, Q) = \sqrt{27} \quad \therefore d(P, Q) = 3\sqrt{3}.$$

2. Finalmente, la distancia es $5{,}2$ u. l. (unidades lineales).

Ejercicio 191:
Distancia entre puntos. Encuentre la distancia entre los puntos $R(2, -1, 7)$ y $T(1, -3, 5)$.

Pasos:
1. Se conocen los términos $R(x_1, y_1, z_1) = R(2, -1, 7)$ y $T(x_2, y_2, z_2) = T(1, -3, 5)$, usamos otra vez la fórmula:

$$d(R, T) = \sqrt{(1 - 2)^2 + (-3 - -1)^2 + (5 - 7)^2} \quad \therefore d(R, T) = 3.$$

2. Finalmente, la distancia o longitud es 3 u. l.

282. Punto medio en el espacio tridimensional:
De la misma manera que el objeto de estudio anterior, podemos conocer el punto medio de
un segmento de recta en el espacio tridimensional. Se trata de un caso particular de la división
de un segmento en el espacio en una razón dada, que se ha estudiado en el teorema 3 del
primer capítulo, presentamos su versión ampliada:

TEOREMA 82: División de un segmento en el espacio en una razón dada. Si
$A(x_1, y_1, z_1)$ y $B(x_2, y_2, z_2)$ son los extremos que determinan un segmento dirigido $\overrightarrow{AB}$, y sea
un punto $P(x, y, z)$ que divide dicho segmento en la razón $r = \overrightarrow{AP}/\overrightarrow{PB}$ entonces se cumple:

$$x = \frac{x_1 + rx_2}{1 + r}, \qquad y = \frac{y_1 + ry_2}{1 + r} \quad y \quad z = \frac{z_1 + rz_2}{1 + r}, \qquad r \neq -1.$$

283. Demostración: Se procede de forma similar al artículo 13 (teorema 3), quedará a cargo
de usted.

284. Corolario: Las coordenadas del punto medio M, del segmento dirigido $\overrightarrow{AB}$, cuyos
extremos son los puntos $A(x_1, y_1, z_1)$ y $B(x_2, y_2, z_2)$, son los siguientes:

$$M = (x, y, z) \rightarrow M = \left(\frac{x_1 + x_2}{2}, \frac{y_1 + y_2}{2}, \frac{z_1 + z_2}{2} \right).$$

De acuerdo al teorema 82, si hacemos que $r = 1$ se obtiene la fórmula del corolario dado.

Ejercicio 192:
Coordenadas del punto medio. Determine las coordenadas del punto medio del segmento de
recta que une los puntos $P_1(2, -3, 6)$ y $P_2(-1, -7, 4)$.

Pasos:
1. Identificamos los puntos $P_1(x_1, y_1, z_1) = P_1(2, -3, 6)$ y $P_2(x_2, y_2, z_2) = P_2(-1, -7, 4)$, y
usamos la fórmula del artículo 284:

$$M = \left(\frac{x_1 + x_2}{2}, \frac{y_1 + y_2}{2}, \frac{z_1 + z_2}{2} \right) \rightarrow \left(\frac{2 + (-1)}{2}, \frac{-3 + (-7)}{2}, \frac{6 + 4}{2} \right) \quad \therefore \left(\frac{1}{2}, -5, 5 \right).$$

2. Finalmente, el punto medio es $(1/2, -5, 5)$.

Ejercicio 193:
Coordenadas del punto medio. Halle las coordenadas del punto medio del segmento de recta
entre los puntos $N(0, -2, 1)$ y $W(5, 0, -1)$.

Pasos:
1. Sean los puntos $N(x_1, y_1, z_1) = N(0, -2, 1)$ y $W(x_2, y_2, z_2) = W(5, 0, -1)$, sustituimos en:

$$M = \left(\frac{x_1 + x_2}{2}, \frac{y_1 + y_2}{2}, \frac{z_1 + z_2}{2} \right) \rightarrow \left(\frac{0 + 5}{2}, \frac{-2 + 0}{2}, \frac{1 + (-1)}{2} \right) \quad \therefore \left(\frac{5}{2}, -1, 0 \right).$$

2. Finalmente, el punto medio del segmento de recta $\overrightarrow{NW}$ es $(5/2, -1, 0)$.

Ejercicio 194:

Coordenadas del punto medio y trisección. Halle las coordenadas de los puntos de trisección y el punto medio del segmento cuyos puntos extremos son $P(1,-3,\ 5)$ y $Q(-3,3,-4)$.

Pasos:

1. La figura 230 muestra el segmento de recta dirigido $\overrightarrow{PQ}$ y los puntos internos R, S y M.

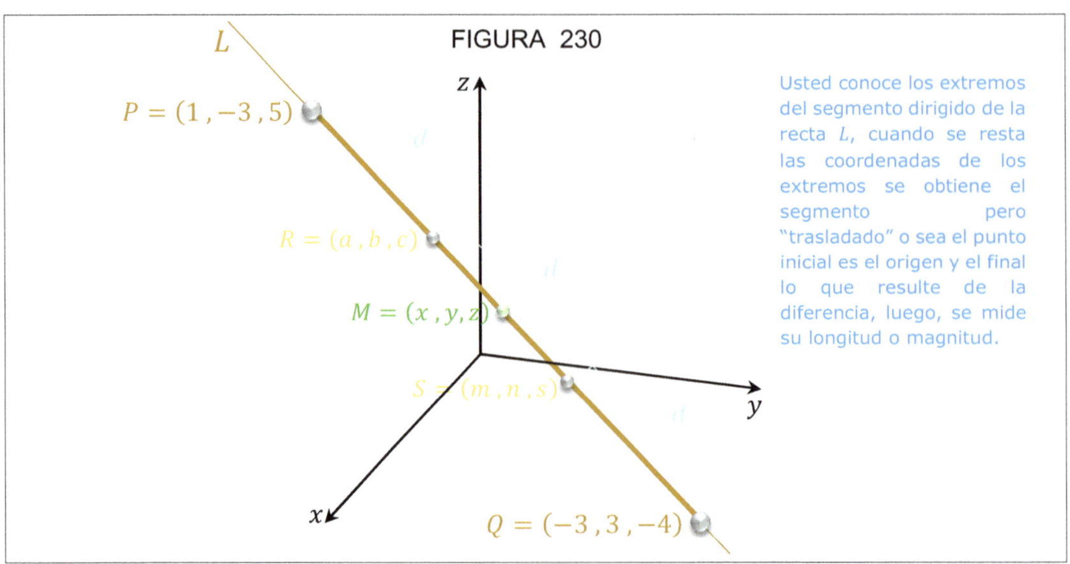

2. Luego, vemos los puntos de trisección R y S, y M el punto medio de PQ. Podemos establecer las razones para R y S como sigue:

$$R:\ r = \frac{|\overrightarrow{PR}|}{|\overrightarrow{RQ}|} = \frac{d}{2d} \to r = \frac{1}{2} \qquad y \qquad S:\ r = \frac{|\overrightarrow{PS}|}{|\overrightarrow{SQ}|} = \frac{2d}{d} \to r = 2.$$

3. A continuación, con los puntos extremos $P(1,-3,\ 5) = (x_1, y_1,\ z_1)$ y $Q(-3,3,-4) = (x_2, y_2, z_2)$ y considerando que los puntos de trisección son: $R = (a, b, c)$ y $S = (m, n, s)$ usamos la fórmula del teorema 82. Los resultados se muestran en la tabla 51.

TABLA 51

$R = (a, b, c)$		$S = (m, n, s)$	
Fórmula	Desarrollo	Fórmula	Desarrollo
$a = \dfrac{x_1 + rx_2}{1+r}$	$a = \dfrac{1 + 1/2\,(-3)}{1 + 1/2}\quad \therefore a = -\dfrac{1}{3}$	$m = \dfrac{x_1 + rx_2}{1+r}$	$m = \dfrac{1 + 2(-3)}{1+2}\quad \therefore m = -\dfrac{5}{3}$
$b = \dfrac{y_1 + ry_2}{1+r}$	$b = \dfrac{-3 + 1/2\,(3)}{1 + 1/2}\quad \therefore b = -1$	$n = \dfrac{y_1 + ry_2}{1+r}$	$n = \dfrac{-3 + 2(3)}{1+2}\quad \therefore n = 1$
$c = \dfrac{z_1 + rz_2}{1+r}$	$c = \dfrac{5 + 1/2\,(-4)}{1 + 1/2}\quad \therefore c = 2$	$s = \dfrac{z_1 + rz_2}{1+r}$	$s = \dfrac{5 + 2(-4)}{1+2}\quad \therefore s = -1$
$R = \left(-\dfrac{1}{3}, -1, 2\right)$		$S = \left(-\dfrac{5}{3}, 1, -1\right)$	

4. Finalmente, el punto medio M de $\overrightarrow{PQ}$ se obtiene de acuerdo al artículo 284: $M = (-1, 0, 0.5)$.

285. Ecuación de una esfera:

Una esfera es el conjunto de todos los puntos del espacio tridimensional que se encuentran a una distancia constante denominado radio, de un punto fijo llamado centro. Sabemos que la esfera es el análogo tridimensional de una circunferencia.

TEOREMA 83: Ecuación estándar de la esfera. Si $P(x,y,z)$ es un punto sobre la esfera, entonces la ecuación canónica o estándar con centro $C(h,k,l)$ y radio r está dada por:

Forma centro-radio
$$(x-h)^2 + (y-k)^2 + (z-l)^2 = r^2.$$

286. Demostración: Podemos usar la fórmula de la distancia entre dos puntos en el espacio tridimensional (teorema 81), como muestra la figura 231-I. Por definición, una esfera es el conjunto de todos los puntos $P(x,y,z)$ cuya distancia desde $C(h,k,l)$ es r. Así, P está sobre la esfera si y sólo si $|\vec{PC}| = r$. Se eleva al cuadrado en ambos lados, se tiene $|\vec{PC}|^2 = r^2$, que desarrollando obtenemos:

$$r = |\vec{PC}| = |\vec{CP}| = |P - C| = |(x,y,z) - (h,k,l)| = |(x-h, y-k, z-l)|$$

$$r = \sqrt{(x-h)^2 + (y-k)^2 + (z-l)^2} \quad \therefore (x-h)^2 + (y-k)^2 + (z-l)^2 = r^2.$$

Un caso particular se presenta, si el centro es el origen de coordenadas $C(h,k,l) = C(0,0,0)$, entonces la ecuación de la esfera se reduce a:

$$x^2 + y^2 + z^2 = r^2.$$

Ejercicio 195:

Determinación de la ecuación canónica de una esfera. Halle la ecuación canónica o estándar de la esfera que tiene los puntos $(5,-2,3)$ y $(0,4,-3)$, como extremos de un diámetro.

Pasos:

1. Calculemos el centro C de la esfera, para ello, tomemos el punto medio M del diámetro:

$$M = C = \left(\frac{x_1 + x_2}{2}, \frac{y_1 + y_2}{2}, \frac{z_1 + z_2}{2}\right) \rightarrow C = \left(\frac{5+0}{2}, \frac{-2+4}{2}, \frac{3+(-3)}{2}\right)$$

$$\therefore C = (h,k,l) = \left(\frac{5}{2}, 1, 0\right).$$

2. Luego, para obtener el radio de la esfera apliquemos la fórmula del teorema 81, tomando en cuenta uno de los puntos que pertenecen al sólido, como $(0,4,-3) = (x,y,z)$, así:

$$r^2 = (x-h)^2 + (y-k)^2 + (z-l)^2$$

$$r^2 = \left(0 - \frac{5}{2}\right)^2 + (4-1)^2 + (-3-0)^2 \quad \therefore r^2 = \frac{97}{4}.$$

3. Finalmente, la ecuación estándar es $\left(x - \frac{5}{2}\right)^2 + (y-1)^2 + (z-0)^2 = \frac{97}{4}$. Vea la figura 231-II.

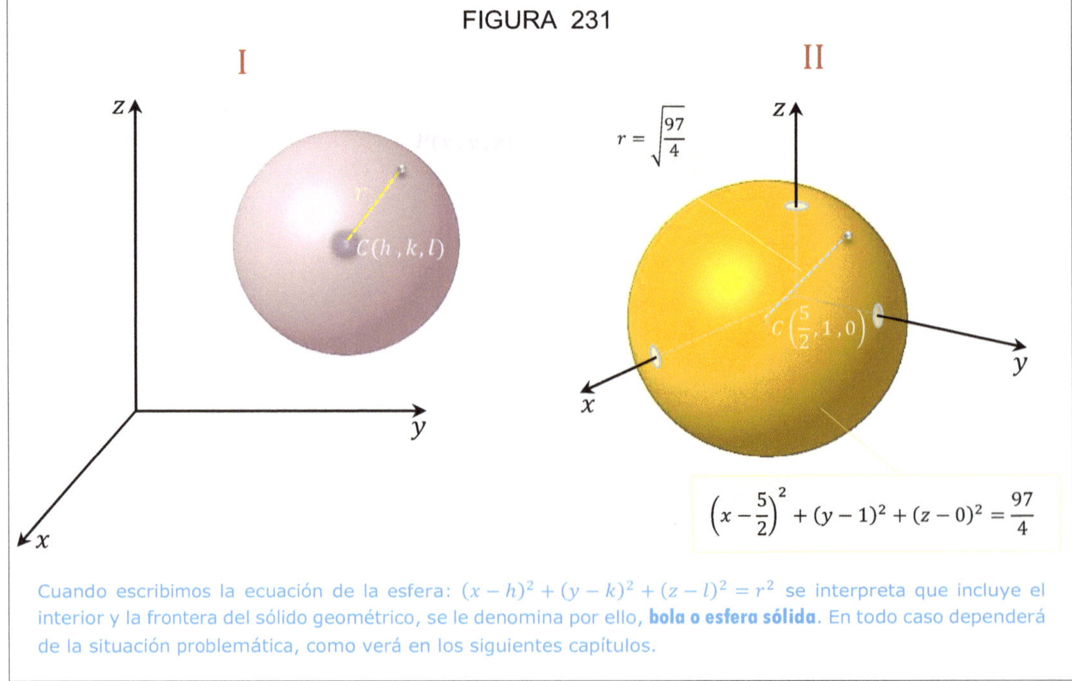

Cuando escribimos la ecuación de la esfera: $(x-h)^2 + (y-k)^2 + (z-l)^2 = r^2$ se interpreta que incluye el interior y la frontera del sólido geométrico, se le denomina por ello, **bola o esfera sólida**. En todo caso dependerá de la situación problemática, como verá en los siguientes capítulos.

287. Ecuación general de la esfera: Al desarrollar la ecuación estándar del teorema 83, obtenemos una expresión conocida como la ecuación general de la esfera, veamos:

Forma general
$$x^2 + y^2 + z^2 + Gx + Hy + Iz + J = 0$$

pero tengamos en cuenta que también podemos obtener un **punto** (esfera degenerada) o el **conjunto vacío**, tal como se indica en el siguiente ejercicio.

Ejercicio 196:

Determinación de la ecuación canónica de una esfera. Halle la ecuación canónica o estándar, el centro y el radio de la esfera, además bosqueje su gráfica, si se conoce la ecuación general:

$$x^2 + y^2 + z^2 - 10x - 8y - 12z + 68 = 0.$$

Pasos:

1. La sugerencia en este tipo de ecuación es usar el **método de completar el cuadrado** (revise el libro de Precálculo o vea la sección 1.3. y 1.4. en el primer capítulo). Lo ordenamos por variables, los términos que tengan las x, las y, y finalmente las z, enciérrelo entre paréntesis. A continuación, complete la mitad del coeficiente lineal de $10x, -8y$ y $12z$, los cuales son $5, 3$ y 6, eleve al cuadrado, luego agregue en ambos miembros de la expresión, así:

Los términos que tienen x Aquí van los números al cuadrado   Aquí se repiten dichos números

$$(x^2 - 10x + \quad) + (y^2 - 8y + \quad) + (z^2 - 12z + \quad) = -68 + \quad + \quad + \quad$$

$$(x^2 - 10x + 25) + (y^2 - 8y + 16) + (z^2 - 12z + 36) = -68 + 25 + 16 + 36.$$

2. A continuación, con los tres términos formamos el binomio al cuadrado, los términos constantes restantes se suman, y se llevan al miembro derecho, así:

$$(x - 5)^2 + (y - 4)^2 + (z - 6)^2 = 9 = 3^2 \quad \cdots (1).$$

3. Luego, la ecuación general se llevó a su forma canónica, la cual nos permite obtener el centro y el radio de la esfera. El centro $C(h, k, l)$ se obtiene haciendo lo siguiente en cada sumando: $x - 5 = 0 \to x = 5$, $y - 4 = 0 \to y = 4$ y $z - 6 = 0 \to z = 6$ entonces el centro es $C(5, 4, 6)$, y el radio se obtiene extrayendo la raíz y elevando al cuadrado (debe aparecer el exponente 2), entonces el radio es $r = 3$. Observe la figura 232-I.

4. Finalmente, la ecuación es $(x - 5)^2 + (y - 4)^2 + (z - 6)^2 = 9$, $C(5, 4, 6)$ y $r = 3$.

De otro lado, vea la ecuación (1), si en el miembro derecho en vez de 9 salía cero, entonces la ecuación representaría un único punto como $(5, 4, 6)$, y en el caso que obteníamos un número negativo, la ecuación representaría el conjunto vacío.

Ejercicio 197:

Hemisferios concéntricos. ¿Qué región en $\mathbb{R}^3$ está representada por las desigualdades dadas?

$$1 \leq x^2 + y^2 + z^2 \leq 4 \quad y \quad z \leq 0.$$

Pasos:

1. La primera desigualdad podemos reescribirlo como: $1 \leq \sqrt{x^2 + y^2 + z^2} \leq 2$, esta expresión representa los puntos (x, y, z), cuya distancia desde el origen es por lo menos 1 y a lo más 2.

2. Luego, se tiene que $z \leq 0$ por tanto, los puntos se encuentran sobre y debajo del plano xy.

3. Finalmente, las desigualdades dadas representan la región entre las esferas indicadas como $x^2 + y^2 + z^2 = 1$ y $x^2 + y^2 + z^2 = 4$, y debajo (o sobre) el plano xy. Vea la figura 232-II.

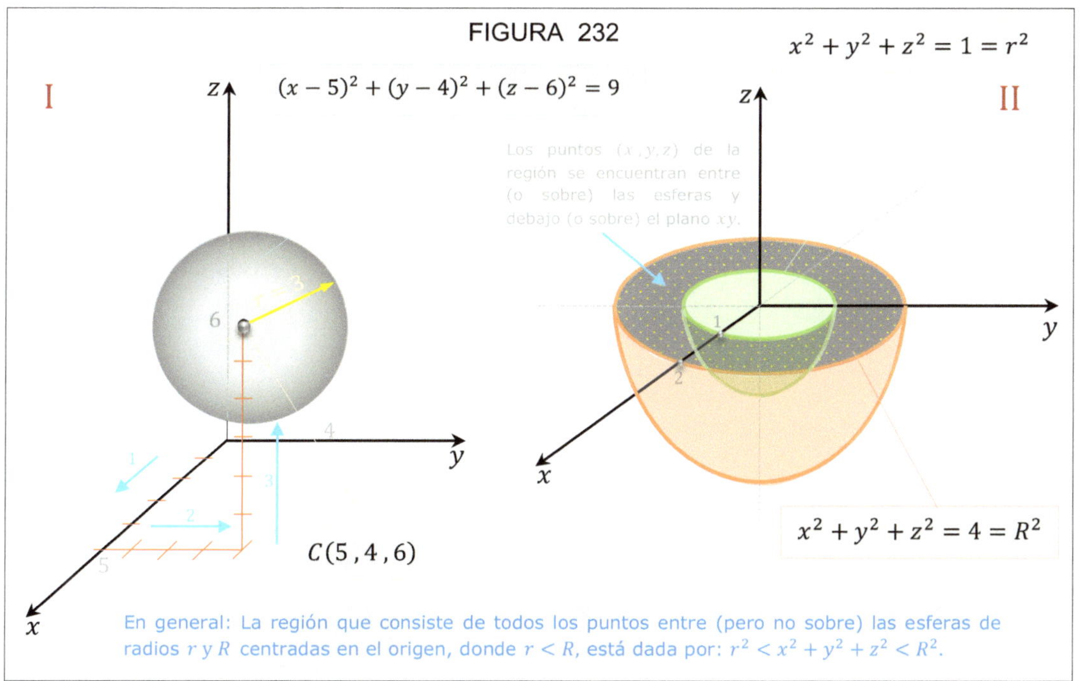

Ejercicio 198:

Traza de una esfera. Describe la traza de la esfera $(x - 2)^2 + (y - 4)^2 + (z - 5)^2 = 36$, en:
a) En el plano xy, y b) en el plano $z = 9$.

Pasos:

1. La intersección de una esfera con un plano se denomina traza de la esfera en un plano, resultando una circunferencia. Para el caso a), sabemos que en el plano xy la coordenada de $z = 0$, por lo que la traza de la esfera en el plano xy está formada por todos los puntos en la esfera cuya coordenada z es cero.

2. A continuación, sustituimos $z = 0$ en la ecuación dada de la esfera, así:

$$(x - 2)^2 + (y - 4)^2 + (z - 5)^2 = 36 \rightarrow (x - 2)^2 + (y - 4)^2 + 25 = 36 \therefore (x - 2)^2 + (y - 4)^2 = 11.$$

3. Luego tenemos la parte b), donde la traza de la esfera en el plano $z = 9$ está formada por todos los puntos en la esfera cuya coordenada $z = 9$, por lo que sustituimos $z = 9$ en la ecuación de la esfera, como sigue:

$$(x - 2)^2 + (y - 4)^2 + (z - 5)^2 = 36 \rightarrow (x - 2)^2 + (y - 4)^2 + 16 = 36 \therefore (x - 2)^2 + (y - 4)^2 = 20.$$

4. Finalmente, en a), tenemos la circunferencia de radio $\sqrt{11}$ que está en el plano xy y en b) la circunferencia de radio $\sqrt{20}$, que se encuentra a 9 unidades arriba del plano xy con centro en $(2,4,9)$, veamos la figura 233.

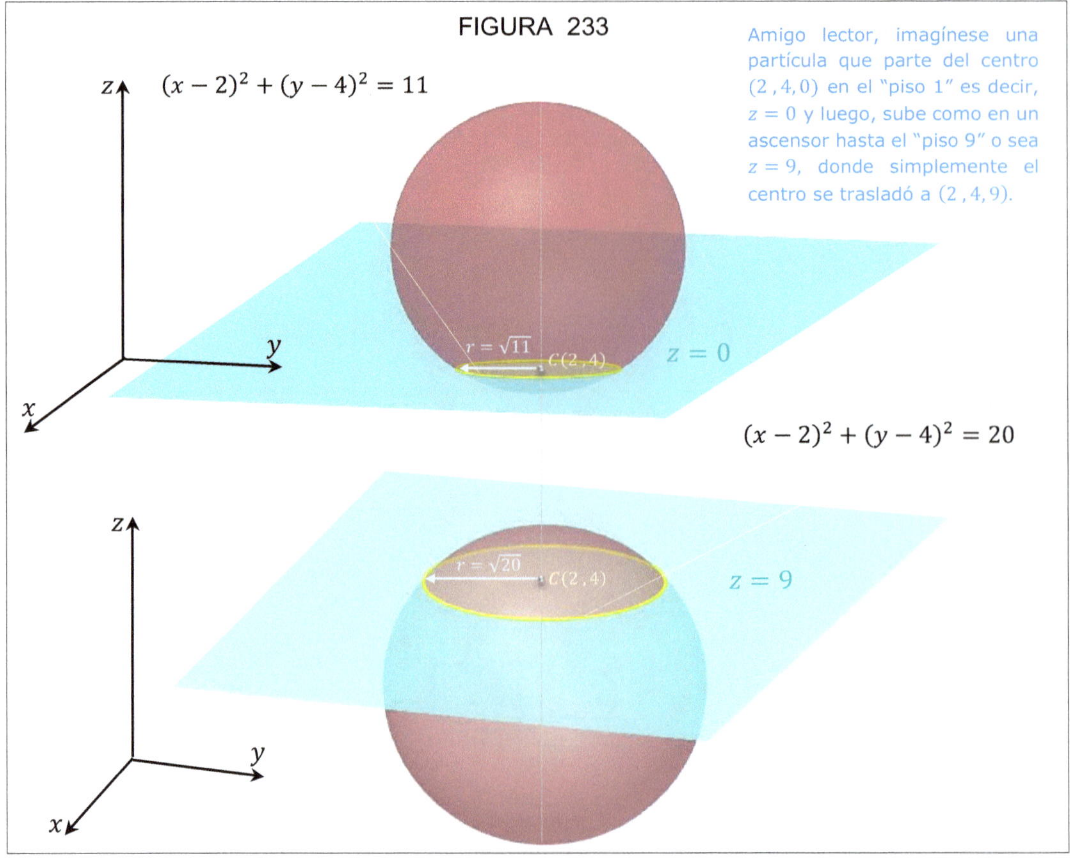

Notas del lector

Notas del lector

NOTEBOOK I

3.1) Sistema de coordenadas rectangular tridimensional

Comunicación matemática

274.- Indique si el enunciado es verdadero o falso. Justifique.

Enunciado	V o F	Justifique
Un sistema coordenado en el espacio es un sistema tridimensional obtenido como una extensión del sistema bidimensional.		Para justificar puede usar un ejemplo, contraejemplo, un gráfico, un esquema, un teorema, una fórmula, etc. que valide su respuesta.
Los ejes coordenados son rectas dirigidas.		
Los tres planos coordenados dividen el espacio en ocho regiones llamadas octantes.		
La posición de un punto con relación al sistema de coordenadas está determinada por sus distancias a los planos coordenados.		
La proyección ortogonal de un punto P sobre un plano, es el pie de la perpendicular trazada de P al plano.		
La distancia de un punto en el espacio tridimensional al eje y es $\sqrt{x_1{}^2 + z_1{}^2}$.		
Si los extremos de un segmento son $A(5,1,2)$ y $B(1,9,6)$, entonces la razón $\overrightarrow{AP}:\overrightarrow{PB}$ es tres, en la cual el punto $P(2,7,5)$ divide a este segmento.		
La distancia del punto $(-2,6,3)$ a cada uno de los planos coordenados y al origen es siete.		
La distancia del punto $(3,-4,2)$ a cada uno de los ejes coordenados es $2\sqrt{5}$ del eje x, $\sqrt{13}$ de y y 5 de z.		
Un sistema de coordenadas tridimensional puede tener orientación levógira o dextrógira. Siendo el primero el sistema de la mano derecha.		

275.- Responde las siguientes preguntas:
A) Explique detalladamente, ¿cómo se ubica un punto en el espacio tridimensional?

B) ¿Qué es un octante? Además, de dos ejemplos en la vida cotidiana.

C) Del siguiente texto: Un sistema de coordenadas rectangulares en el espacio establece una correspondencia biunívoca entre cada punto del espacio y una terna ordenada de números reales. ¿A qué se refiere?

D) ¿Qué representa la ecuación $2x^2 + 2y^2 = 1$, como una superficie en $\mathbb{R}^3$? Explique.

E) Escribe una fórmula que permita hallar las siguientes distancias: a) de dos puntos en el plano xy, b) de cualquier punto del espacio a cada uno de los planos, c) ejes coordenados y d) al origen. Sugerencia: define las coordenadas de dichos puntos en cada caso.

F) Explique en qué consiste el sistema de coordenadas de la mano derecha (dextrógiro), Además, establezca una comparación con el sistema levógiro.

276.- Responde las siguientes preguntas:

Pregunta	Responde
1. Define planos coordenados y ejes coordenados.	
2. ¿Qué es un sistema de coordenadas?	
3. Los números x,y,z en (x,y,z) se llaman las ⋯ de un punto en el espacio tridimensional.	
4. ¿Qué característica en especial tienen las coordenadas de todos los puntos del plano yz? ¿Y los puntos del eje z?	
5. Interprete en forma geométrica la ecuaciones: $x=-1$.	
6. La ecuación dada, determina una ⋯ $(x-2)^2 + (y+4)^2 + (z-7)^2 = 25$, cuyo centro y radio respectivamente son.	
7. La ecuación $z=5$ es el ⋯, $\{(x,y,z)\mid z=5\}$ que representa el ⋯ de todos los puntos en $\mathbb{R}^3$, cuya coordenada ⋯ es 5.	
8. Halle las coordenadas del siguiente punto: se localiza cinco unidades detrás del plano yz, dos unidades a la derecha del plano xz, y nueve unidades arriba del plano xy.	
9. Los puntos extremos de un segmento son $A(-4,1,3)$ y $B(5,-2,1)$. Halle las longitudes de sus proyecciones sobre los ejes coordenados.	
10. Cuando se resta las coordenadas de los extremos de un segmento se obtiene el segmento pero "trasladado" o sea el punto inicial es el origen y el final lo que resulte de la diferencia, luego, se mide su longitud o magnitud. ¿A qué se refiere?	
11. Imagine la ecuación de una esfera, que tiene en el miembro derecho un número negativo, ¿qué representaría dicha ecuación?	
12. Demuestre que el punto $(2,2,3)$ equidista de los puntos $(1,4,-2)$ y $(3,7,5)$.	

277.- Coordenadas en el espacio tridimensional. Considerando el punto $P(-2,2,3)$:

a) Si las líneas se dibujan desde P perpendicular a los planos coordenados, ¿cuáles son las coordenadas del punto en la base o pie de cada perpendicular?

b) Si se dibuja una línea desde P al plano $z = -5$, ¿cuáles son las coordenadas del punto en la base de la perpendicular?

c) Halle un punto en el plano $x = 6$ más cercano a P.

d) Determine la distancia de P a cada plano coordenado.

e) Encuentre la distancia de P a cada eje coordenado y al origen.

f) Escoge dos puntos adicionales R y S para que sean colineales con P.

g) Si la distancia de P a $Q(x,1,1)$ es $\sqrt{21}$. Halle $(2\,022)^x$.

1) Dibuje un sistema de coordenadas rectangulares (dextrógiro) x, y y z.

2) Luego, ubique el punto como se estudió en el libro (recorriendo la distancia sobre cada eje).

3) A continuación, imaginariamente ubíquese al costadito de P y mire hacia abajo (paralelo al eje z), verá una parte del plano xy, esa es la base o pie perpendicular a dicho plano, o sea $z = 0$.

4) Finalmente, continúe con los dos planos y responda las otras preguntas.

278.- Planos especiales. Pinte los planos $x = -2, y = -3$ y $z = 0$ en cada porción del octante del sistema coordenado tridimensional.

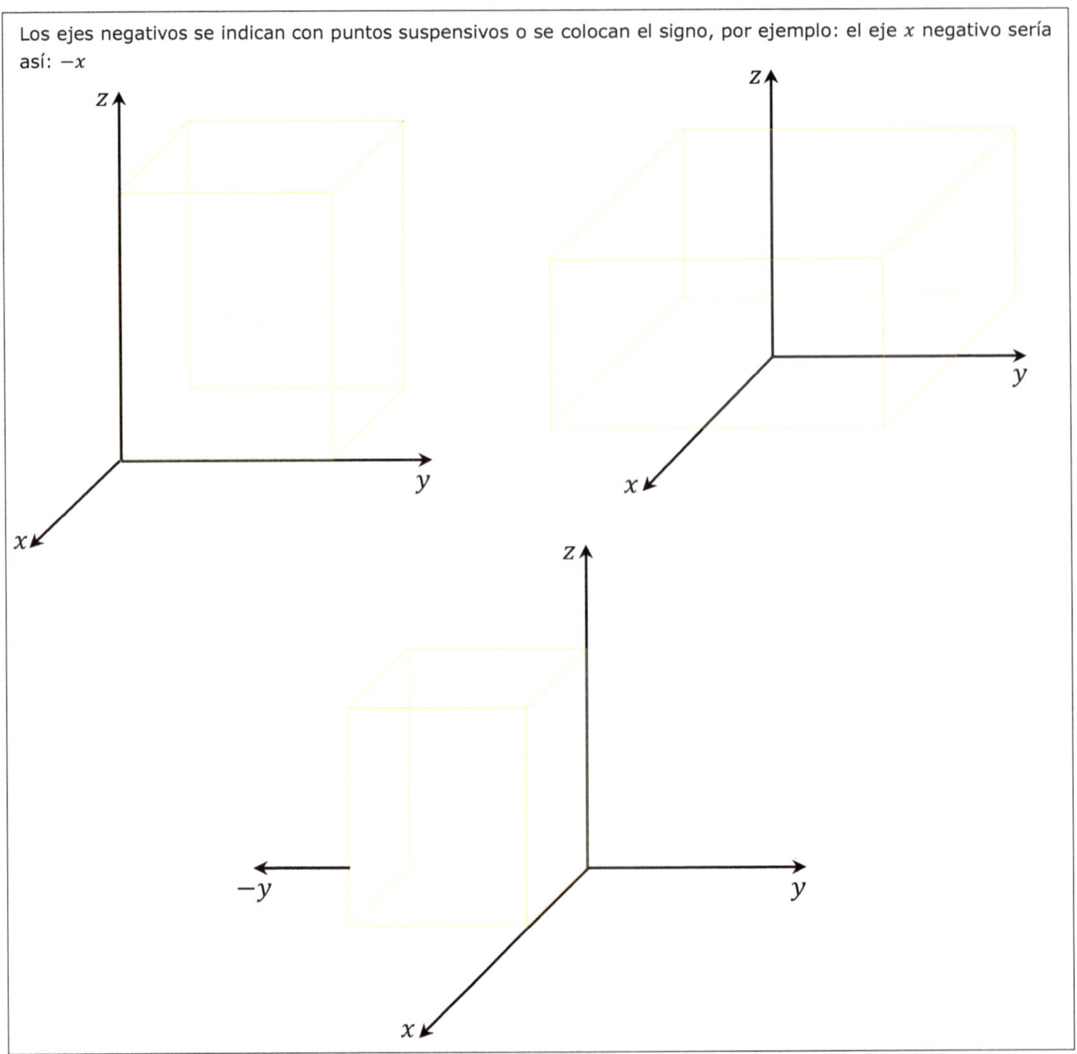

279.- Ecuación del plano. Complete los espacios vacíos de la tabla que resume las coordenadas de un punto sobre un eje de coordenadas y los planos coordenados. Use como longitudes a, b y c.

Ejes	Coordenadas en los ejes	Plano	Ecuación del plano	Coordenadas en el plano
x		xy		$(a, b, 0)$
	$(0, b, 0)$			
z			$x = 0$	

280.- Coordenadas rectangulares en el espacio. Complete los puntos coordenados en los vértices del cubo del sistema coordenado cartesiano que sigue la regla de la mano derecha. Luego trace los ejes cartesianos y ubique los vértices visibles del cubo mágico.

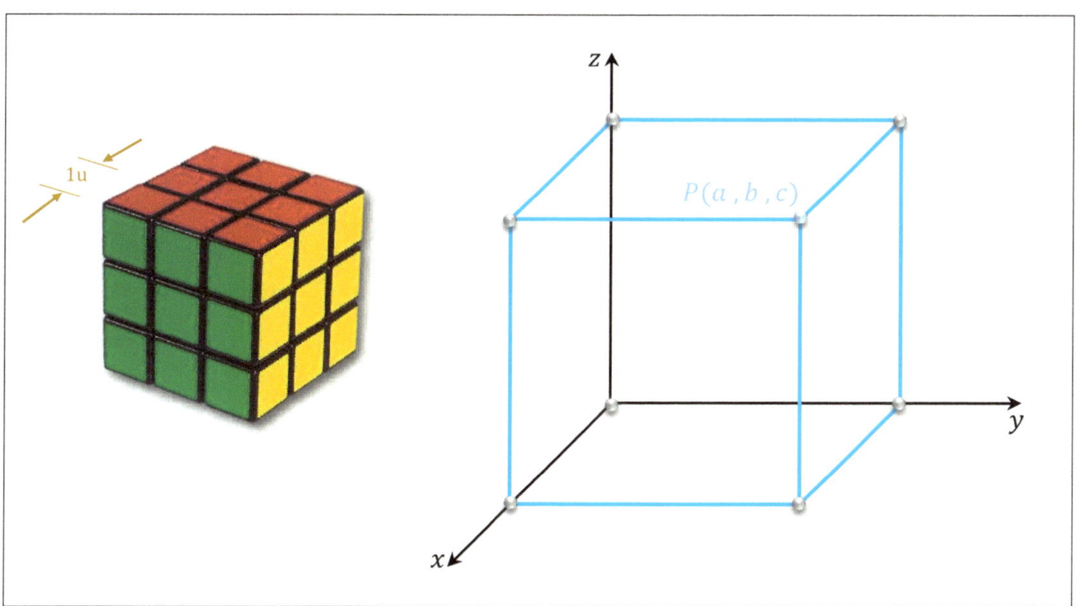

281.- Gráfica de un paralelepípedo. Una caja rectangular tiene sus caras paralelas a los planos de coordenadas y tiene a los puntos $(2,3,4)$ y $(6,-1,0)$ como los extremos de una diagonal principal. Bosqueje la caja y calcule las coordenadas de sus seis vértices.

282.- Interpretación geométrica de ecuaciones y desigualdades. Interprete en forma geométrica las siguientes ecuaciones y desigualdades de coordenadas con los conjuntos de puntos que definen el espacio. Complete el cuadro.

Condición matemática	Interpretación geométrica
$x = -6$	
	Representa el semiespacio (en forma equivalente a 4 octantes) que consta de los puntos que están en el plano xy, y por encima de él.
$z = 0, \quad x \leq 0 \ \ y \ \ y \geq 0$	
	Es el espacio comprendido entre los planos $y = -5$ y $y = 5$ (con estos planos incluidos).
$y = -1 \ \ y \ \ z = 4$	
	El exterior de la esfera $(x + 4)^2 + (y - 2)^2 + z^2 = 49$.
$x^2 + (y - 2)^2 = 16 \ \ y \ \ z = 1$	
	La recta donde se intersecan los planos $x = 3$ y $z = -2$, o dicho en forma equivalente, la recta paralela al eje y que pasa por el punto $(3\,,0\,,-2)$.
$z \leq 0$	
	El primer octante.
$-1 \leq y < 3$	

283.- Demostración de la fórmula de distancia entre dos puntos. Si $A(x_1,y,z)$ y $B(x_2,y,z)$ son dos puntos de una recta paralela al eje x, entonces la **distancia dirigida** de A a B, denotada por $\overrightarrow{AB}$, está dada por: $\overrightarrow{AB} = B - A = (x_2,y,z) - (x_1,y,z) = x_2 - x_1$. De forma similar, si $C(x,y_1,z)$ y $D(x,y_2,z)$ son dos puntos de una recta paralela al eje y, entonces la distancia dirigida de C a D, denotada por $\overrightarrow{CD}$, es $\overrightarrow{CD} = D - C = (x,y_2,z) - (x,y_1,z) = y_2 - y_1$. Por último, si $E(x,y,z_1)$ y $F(x,y,z_2)$ son dos puntos de una recta paralela al eje z, entonces la distancia dirigida de E a F, denotada por $\overrightarrow{EF}$, es $\overrightarrow{EF} = F - E = (x,y,z_2) - (x,y,z_1) = z_2 - z_1$. Se pide demostrar la **distancia no dirigida** entre los puntos $P_1(x_1,y_1,z_1)$ y $P_2(x_2,y_2,z_2)$ dada por: $d(P_1,P_2) = |\overrightarrow{P_1P_2}| = \sqrt{(x_2 - x_1)^2 + (y_2 - y_1)^2 + (z_2 - z_1)^2}$.

1) Revise el libro 2 artículo 280.

2) Luego, construye un paralelepípedo rectangular que tiene a P_1 y P_2 como vértices opuestos y caras paralelas a los planos coordenados.

3) A continuación, considere A y B como otros dos vértices en un mismo plano de alguno de los puntos ya ubicados. Use el teorema de Pitágoras un par de veces, es decir, primero con los puntos P_1 y P_2 y A, después con P_1 o P_2 con A y B.

4) Finalmente, aplique la información dada.

284.- Ubicación de puntos en el espacio. Ubique los puntos cuyas coordenadas son $(1,4,2),(2,0,1),(-1,4,2)$ y $(-1,-2,-3)$.

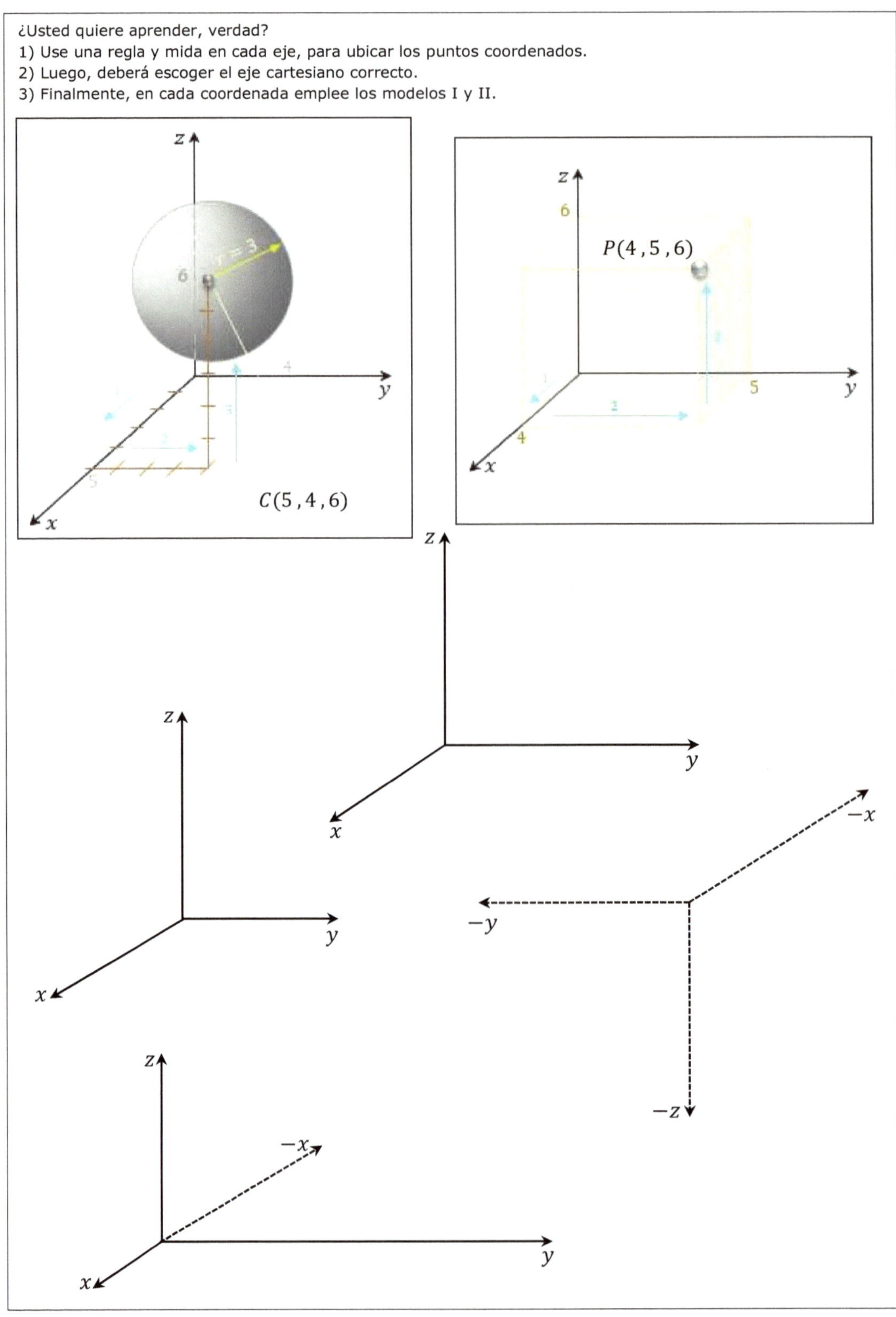

285.- Ubicación de puntos en el espacio en forma verbalizada. Amigo lector, en este ejercicio usted se moverá por el espacio.

A) Suponga que empieza en el origen (dibuje el sistema de coordenadas rectangulares en el espacio tridimensional y a usted saludando), camine a lo largo del eje x una distancia de 5 unidades (use una regla) en la dirección positiva y luego, muévase hacia abajo una distancia de 4 unidades (en todo momento dibújese). ¿Cuáles son las coordenadas de su ubicación? Descanse.

B) Ahora usted se localiza a siete unidades delante del plano yz, dos unidades a la izquierda del plano xz y una unidad debajo del plano xy. ¿Cuáles son las coordenadas de su ubicación?

C) Usando planos y ejes coordenados, diseñe usted un recorrido interesante.

1) Deberá dibujar dos sistemas para cada "caminata".
2) Finalmente, siga las indicaciones dadas en el enunciado y responde las preguntas.

286.- Puntos colineales. Use la fórmula de distancia entre dos puntos en el espacio tridimensional para determinar si los puntos dados son colineales, $P(1,2,0), Q(-2,-2,-3)$ y $R(7,10,6)$, es decir se encuentran en una línea recta. ¿Qué opina de estos puntos $A(0,-5,5), B(1,-2,4)$ y $C(3,4,2)$?

1) Tenga presente que: serán colineales si la suma de dos de las distancias es igual a la tercera.
2) Luego, puede seguir este orden: halle la distancia del primero con el segundo punto, después, el primero con el tercero (hasta aquí, si son iguales serían isósceles) y, por último, el segundo con el tercero.
3) Finalmente, use la fórmula de distancia no dirigida entre dos puntos: $d = \sqrt{(x_2 - x_1)^2 + (y_2 - y_1)^2 + (z_2 - z_1)^2}$.

287.- Punto medio. Encuentre las coordenadas del punto medio del segmento de recta entre los puntos indicados:
a) $P(1,3,0{,}5)$ y $Q(7,-2,2{,}5)$
b) $R(0,5,-8)$ y $S(4,1,-6)$.

Use $\left(\dfrac{x_1 + x_2}{2}, \dfrac{y_1 + y_2}{2}, \dfrac{z_1 + z_2}{2}\right)$.

RTA. a) $(4,0{,}5,1{,}5)$ y b) $(2,3,-7)$

288.- Punto medio. Las coordenadas del punto medio del segmento de recta entre $P(a,b,c)$ y $Q(2,3,6)$ son $Q(-1,-4,8)$. Halle $ab + c$.

Use $\left(\dfrac{x_1 + x_2}{2}, \dfrac{y_1 + y_2}{2}, \dfrac{z_1 + z_2}{2}\right)$.

RTA. 54

289.- Determinación de figuras planas con la fórmula de distancia entre dos puntos. Indique si es un triángulo isósceles o un triángulo recto, según los puntos dados.
a) $A(0,0,0), B(3,6,-6)$ y $C(2,1,2)$ y b) $M(1,2,3), N(4,1,3)$ y $P(4,6,4)$.
Tomando como referencia a), si el triángulo se traslada tres unidades hacia arriba a lo largo del eje z, entonces indique las coordenadas del triángulo trasladado. De forma similar para el caso b), si el triángulo se traslada ocho unidades a la derecha a lo largo del eje y, entonces determine las coordenadas del triángulo trasladado.

1) Use: $d = \sqrt{(x_2 - x_1)^2 + (y_2 - y_1)^2 + (z_2 - z_1)^2}$.
2) Luego, ubique las coordenadas dadas.
3) A continuación, halle las distancias entre vértices.
4) Finalmente, responde la última parte de la pregunta (dibuje la nueva posición de los triángulos).

RTA. a) Recto y b) isósceles

290.- División de un segmento en el espacio en una razón dada. Determine las coordenadas de los puntos de trisección y el punto medio del segmento cuyos puntos extremos son los siguientes: $(5, -1, 7)$ y $(-3, 3, 1)$. Además, agregue otro punto no colineal al segmento dado y encuentre las longitudes de las medianas del triángulo que se formará.

1) Realice un gráfico de los puntos, el segmento en un sistema de coordenadas rectangulares tridimensional.

2) Luego, divide el segmento en tres partes de igual longitud, cada uno con su respectivo punto coordenado.

3) A continuación, use las fórmulas del teorema 82 acerca de la división de un segmento en el espacio en una razón dada

$$x = \frac{x_1 + rx_2}{1 + r}, \qquad y = \frac{y_1 + ry_2}{1 + r} \quad y \quad z = \frac{z_1 + rz_2}{1 + r}, \qquad r \neq -1.$$

4) Finalmente, diseñe una tablita con cada punto de la trisección con las fórmulas dadas. Revise el ejercicio 194 del **libro 2.**

RTA. $\left(\frac{7}{3}, \frac{1}{3}, 5\right), \left(-\frac{1}{3}, \frac{5}{3}, 3\right)$ y $(1, 1, 4)$

291.- Determinación del centro y radio de una esfera. Halle los centros y los radios de las esferas, cuyas ecuaciones en su forma canónica o estándar se presentan en la siguiente tabla.

Ecuación canónica o estándar de la esfera	Centro: $C(h,k,l)$	Radio: r
$(x+5)^2 + (y-3)^2 + (z+7)^2 = 144$		
$(x-3{,}57)^2 + (y-4)^2 + (z-e)^2 = 17$		
$\left(x+\dfrac{3}{2}\right)^2 + \left(y-\dfrac{1}{3}\right)^2 + (z+5)^2 = \dfrac{81}{4}$		
$x^2 + \left(y+\sqrt{5}\right)^2 + z^2 = 225$		
$(x+1\,970)^2 + y^2 + \left(z-\dfrac{7}{4}\right)^2 = 1$		

292.- Ecuación de la esfera. Escribe la ecuación de la esfera con el centro y radio según la información dada.

Centro y radio	Ecuación canónica de la esfera con centro $C(h,k,l)$ y radio r
$(2,5,8)$ y 5	
$(-2,-3,-6)$ y $\sqrt{6}$	
$\left(\pi,e,\sqrt{3}\right)$ y $\sqrt{\pi}$	
$(0,-7,19)$ y 22	
$\left(\dfrac{5}{2},-0{,}75,8\right)$ y 5	
$(0,0,1\,307)$ y $9{,}5$	

293.- Miscelánea. Ecuación de la esfera: método completando el cuadrado. Determine el centro y el radio de la esfera dada en su forma general $x^2 + y^2 + z^2 + Gx + Hy + Iz + J = 0$.

1) Empiece enviando los términos independientes o constantes al lado derecho de la ecuación.2) Luego, agrupe los términos que contienen a x, y y z y enciérrelos entre paréntesis, dejando un espacio para el término independiente que deberá agregar (es la mitad del coeficiente lineal elevado al cuadrado).

3) A continuación, esa cantidad que usted va hallando agréguelo al miembro derecho, así formará el binomio al cuadrado. Revise el ejercicio 196 del **libro 2.**

4) Finalmente, use la ecuación estándar con centro $C(h, k, l)$ y radio r: $(x - h)^2 + (y - k)^2 + (z - l)^2 = r^2$.

1) $x^2 + y^2 + z^2 - 12x + 14y - 8z + 1 = 0$

2) $4x^2 + 4y^2 + 4z^2 - 4x + 8y + 16z - 13 = 0$

RTA. 1) $(6, -7, 4)$ y 10,   y   2) $(0,5, -1, -2)$ y $2,92$

NOTEBOOK II

Comunicación matemática

3.1) Sistema de coordenadas rectangular tridimensional

260.- Indique si el enunciado es verdadero o falso. Justifique.

Enunciado	V o F	Justifique
Un sistema de coordenadas en el plano puede considerarse como un caso especial de un sistema de coordenadas en el espacio.		
Las coordenadas de un punto en el espacio forman una terna ordenada de números reales.		
Si conoce los extremos de un segmento dirigido de una recta L, entonces cuando se resta las coordenadas de los extremos se obtiene el segmento pero "trasladado" o sea el punto inicial es el origen y el final lo que resulte de la diferencia, luego, se mide su longitud.		Puede probarlos con dos puntos que usted asigne.
Se trata de la ecuación de una esfera: $(x+1)^2 + (y-3)^2 + (z-4)^2 + 2 = 2$.		Si su respuesta en no, entonces, ¿qué representa?
La distancia de un punto en el espacio tridimensional al eje x es $\sqrt{y_1^2 + z_1^2}$.		
El punto $(4,4,2)$ equidista de los puntos $(1,2,-3)$ y $(4,-1,6)$.		
El punto P está sobre el segmento cuyos extremos son $(7,2,1)$ y $(10,5,7)$. Si la coordenada y de P es 4, entonces las otras coordenadas son $x=9$ y $z=5$.		
Si las longitudes de las proyecciones de un segmento sobre los ejes coordenados son 2, 2 y -1, respectivamente, entonces la longitud del segmento es tres.		
La distancia del punto $(5,-3,1)$ a cada uno de los ejes coordenados es $\sqrt{7}$ del eje x, $\sqrt{11}$ de y y 24 de z.		
El perímetro del triángulo cuyos vértices son $(7,2,1)$, $(10,5,7)$ y $(10,5,7)$ es 22.		

261.- Responde las siguientes preguntas:

Pregunta	Responde
1. ¿Qué es un sistema de coordenadas rectangulares? Es lo mismo que un sistema de coordenadas cartesianas.	
2. ¿Cómo se designa un plano coordenado?	
3. Define que es un octante, ¿cuál le resulta más cómodo de entender?	
4. La distancia entre los puntos $(-2, 1, -3)$ y (x, y, z) es $\cdots$	
5. ¿Qué característica en especial tienen las coordenadas de todos los puntos del plano xz? ¿Y los puntos del eje y?	
6. Escribe los signos de las coordenadas de los puntos situados en cada uno de los ocho octantes.	
7. Interprete en forma geométrica la desigualdad: $-3 \leq y \leq 4$.	
8. Escribe la representación simbólica del tercer cuadrante del plano xy.	
9. Halle las coordenadas del siguiente punto: se localiza dos unidades detrás del plano yz, tres unidades a la derecha del plano xz, y una unidad arriba del plano xy.	
10. ¿Qué es la proyección ortogonal de un punto P sobre un plano determinado?	
11. Los extremos de un segmento son $A(3, 2, 6)$ y $B(8, 3, 8)$. Halle las coordenadas del punto P que divide a este segmento en la razón: $\overrightarrow{BP}:\overrightarrow{PA} = -2$.	
12. Uno de los extremos de un segmento de longitud tres es el punto $(3, 2, 1)$. Si las coordenadas x y y del otro extremo son 5 y 3, respectivamente, halle la coordenada z (dos soluciones).	

262.- Responde las siguientes preguntas:

A) ¿Qué es geometría espacial? Además, indique dos aplicaciones (una matemática y una aplicada a la vida diaria).

B) Sea P un punto cualquiera del espacio, ¿cómo se determina su posición? Imaginemos que usted se encuentra en algún lugar de su habitación, ¿cómo se ubicaría?

C) Describe la superficie en $\mathbb{R}^3$ representado por la ecuación $y = |x - 1|$.

D) Escribe las desigualdades para describir la región: a) El cilindro sólido que esta sobre o debajo del plano $z = 5$ y sobre o por encima del disco del plano xy con centro en el origen y radio uno. b) La región que consiste de todos los puntos entre (pero no sobre) las esferas de radios r y R centradas en el origen, donde $r < R$.

E) Describe en palabras la región de $\mathbb{R}^3$ representada por la ecuación o desigualdad.
a) $y = 3$, b) $y < 5$, c) $x^2 + y^2 = 9$ y $z = -2$ y d) $x^2 + y^2 \leq 16$.

F) Considerando el punto $G(-2, 5, 4)$: a) Si las líneas se dibujan desde G perpendicular a los planos coordenados, ¿cuáles son las coordenadas del punto en la base (o pie) de cada perpendicular? b) Si se dibuja una línea desde G al plano $z = -2$, ¿cuáles son las coordenadas del punto en el pie de la perpendicular? c) Halle un punto en el plano $x = 3$ más cercano a G.

263.- Gráfica de sólidos. Describe y trace un sólido con las siguientes propiedades: cuando es iluminado por "rayos" paralelos al eje z, su sombra es una circunferencia. Si los "rayos" son paralelos al eje y, su sombra es un cuadrado y por último, si los "rayos" son paralelos al eje x, su sombra es un triángulo isósceles.

264.- Gráfica de planos. Grafique los planos $x = 4, y = 2$ y $z = 6$ en el sistema coordenado cartesiano.

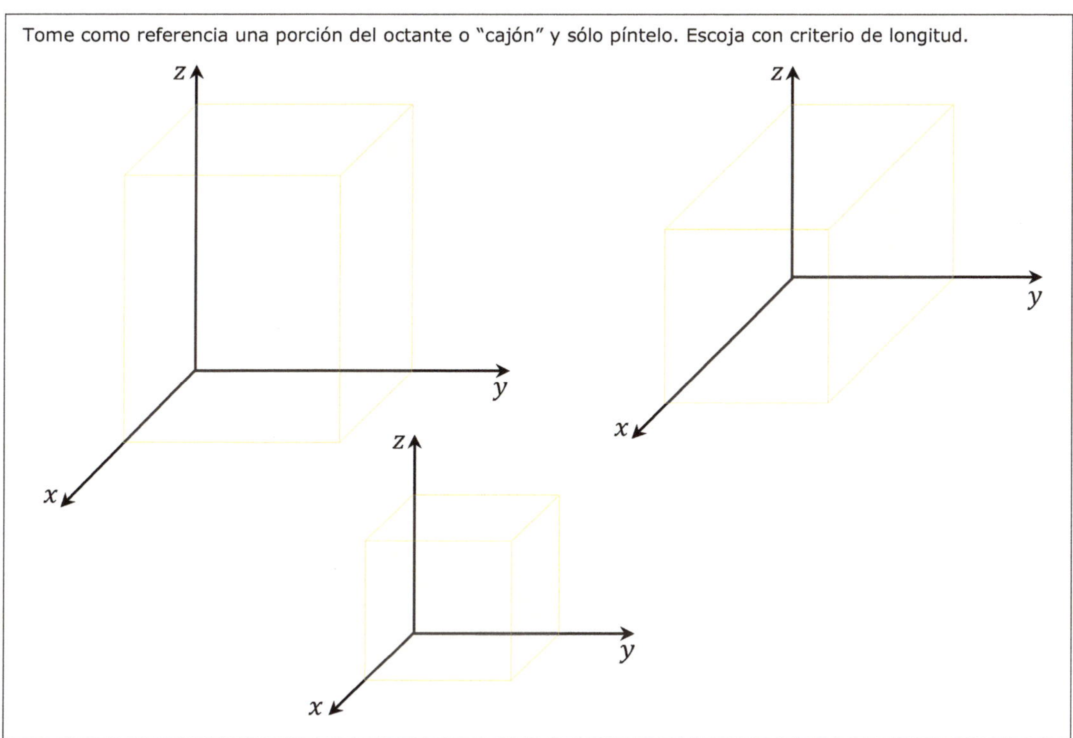

265.- Sea el punto $P(1, 5, -4)$:

a) Si las líneas se dibujan desde P perpendicular a los planos coordenados, ¿cuáles son las coordenadas del punto en la base de cada perpendicular?

b) Si se dibuja una línea desde P al plano $z = -7$, ¿cuáles son las coordenadas del punto en la base de la perpendicular?

c) Halle un punto en el plano $x = 3$ más cercano a P.

d) Determine la distancia de P a cada plano coordenado.

e) Encuentre la distancia de P a cada eje coordenado y al origen.

f) Escoge dos puntos adicionales R y S para que sean colineales con P.

g) Si la distancia de P a $Q(3, 1, z)$ es $\sqrt{56}$. Halle $(1\,970)^z$.

---

1) Dibuje un sistema de coordenadas rectangulares (dextrógiro) x, y y z.

2) Luego, ubique el punto recorriendo la distancia sobre cada eje.

3) A continuación, imaginariamente ubíquese al costadito de P y mire hacia abajo (paralelo al eje z), verá una parte del plano xy, esa es la base o pie perpendicular a dicho plano, o sea $z = 0$.

4) Finalmente, continúe con los dos planos y responda las otras preguntas.

266.- Interpretación geométrica de ecuaciones y desigualdades. Interprete en forma geométrica las siguientes ecuaciones y desigualdades (o combinaciones de ellas) de coordenadas con los conjuntos de puntos que definen el espacio. Complete el cuadro.

Condición matemática	Interpretación geométrica
	El semiespacio que consta de los puntos que están en y arriba del plano xy.
$y \geq x^2, \quad z \geq 0$	
	Abajo del primer octante.
$x^2 + y^2 = 16, \quad z = y$	
	El hemisferio superior de la esfera de radio dos con centro en el origen.
$x^2 + y^2 + z^2 \leq 1, \quad z \geq 0$	
	El interior y el exterior de una esfera de radio ocho con centro en el punto $(-1, 2, 3)$.
$(y - 3)^2 + z^2 = 9, \quad x = 0$	
	La región sobre o a la izquierda de la parábola $x = y^2$ en el plano xy y todos los puntos arriba de ella que están a dos unidades o menos de dicho plano.
$x^2 + y^2 + z^2 = 49, \quad z = 5$	
	La región cerrada, acotada por las esferas de radio tres y cinco con centro en el origen.

267.- Ubicación de puntos en el espacio en forma verbalizada. Amigo lector, en este ejercicio usted se moverá por el espacio.

A) Suponga que empieza en el origen (dibuje el sistema de coordenadas rectangulares en el espacio tridimensional y a usted saludando), camine a lo largo del eje x una distancia de tres unidades (use una regla) en la dirección negativa y luego, muévase hacia la derecha una distancia de dos unidades (en todo momento dibújese), a continuación, diríjase hacia arriba cinco unidades. ¿Cuáles son las coordenadas de su ubicación? ¿A qué distancia se encontrará de cada eje coordenado y de cada plano coordenado?

B) Ahora usted se localiza a cuatro unidades delante del plano yz, tres unidades a la izquierda del plano xz y dos unidades debajo del plano xy. ¿Cuáles son las coordenadas de su ubicación?

C) Usando planos y ejes coordenados, diseñe usted un recorrido interesante.

1) Deberá dibujar dos sistemas para cada "caminata".
2) Finalmente, siga las indicaciones dadas en el enunciado y responde las preguntas.

268.- Ubicación de puntos en el espacio. Ubique los puntos cuyas coordenadas son $(-3,1,4),(0,3,-2),(-3,2,1)$ y $(-2,-3,-1)$.

1) Dibuje sistemas de coordenadas rectangulares en el espacio tridimensional.
2) Luego, use una regla y mida en cada eje, para ubicar los puntos coordenados.
3) Finalmente, en cada coordenada emplee los modelos I y II.

269.- Distancia entre dos puntos. Halle la distancia entre los siguientes puntos en el espacio tridimensional.

Use la fórmula de distancia entre dos puntos: $d = \sqrt{(x_2 - x_1)^2 + (y_2 - y_1)^2 + (z_2 - z_1)^2}$	
$(4,-3,0)$ y $(2,0,1)$	RTA. 3,74
$(-2,-2,0)$ y $(2,-2,-3)$	RTA. 5
$(e,\pi,0)$ y $(-\pi,-4,\sqrt{3})$	RTA. 9,4
$(6,-1,0)$ y $(1,2,3)$	RTA. $\sqrt{34}$

270.- Distancia de un punto al plano. Halle la distancia del punto $(8,-1,-3)$ hacia los planos y ejes coordenados.

RTA. La distancia al plano yz es 8 y al eje x es $\sqrt{10}$

271.- Distancia de un punto al plano. Determine la distancia del punto $(-6,2,-3)$ hacia: a) el plano xz y b) el origen.

RTA. 2 y 7

272.- Puntos sobre un plano. ¿Cuál de los puntos $P(-7,0,8)$, $Q(12,10,-3)$ y $R(11,3,1)$ está más cerca al plano yz? ¿Qué punto se encuentra en el plano xz? No tiene que ubicar los puntos coordenados.

273.- Puntos colineales. Use la fórmula de distancia entre dos puntos en el espacio tridimensional para determinar si los puntos dados son colineales, $P(2,0,-1)$, $Q(3,2,-2)$ y $R(5,6,-4)$, es decir, se encuentran en una línea recta. ¿Qué opina de estos puntos $A(1,2,0), B(5,-7,8)$ y $C(4,3,-1)$?

1) Tenga presente que: serán colineales si la suma de dos de las distancias es igual a la tercera.
2) Luego, puede seguir este orden: halle la distancia del primero con el segundo punto, después, el primero con el tercero (hasta aquí, si son iguales serían isósceles) y por último, el segundo con el tercero.
3) Finalmente, use la fórmula de distancia no dirigida entre dos puntos: $d = \sqrt{(x_2 - x_1)^2 + (y_2 - y_1)^2 + (z_2 - z_1)^2}$.

274.- Punto medio. Determine las coordenadas del punto medio del segmento de recta que une los siguientes puntos: a) $P(5,-9,7)$ y $Q(-2,3,3)$, y b) $R(4,0,-6)$ y $S(8,8,20)$.

Use la fórmula del punto medio:
$$\left(\frac{x_1 + x_2}{2}, \frac{y_1 + y_2}{2}, \frac{z_1 + z_2}{2}\right).$$

RTA. a) $\left(\frac{3}{2}, -3, 5\right)$ y b) $(6, 4, 7)$

275.- Determinación del centro y radio de una esfera. Halle los centros y los radios de las esferas, cuyas ecuaciones en su forma canónica o estándar se presentan en la siguiente tabla.

Ecuación canónica o estándar de la esfera	Centro: $C(h,k,l)$	Radio: r
$(x-3)^2 + (y+1)^2 + (z-4)^2 = 25$		
$(x+5)^2 + (y+4{,}2)^2 + (z-\pi)^2 = 7$		
$\left(x-\dfrac{5}{2}\right)^2 + \left(y+\dfrac{2}{3}\right)^2 + (z-1)^2 = \dfrac{49}{9}$		
$x^2 + \left(y-\sqrt{3}\right)^2 + \left(z+\sqrt{5}\right)^2 = 36$		
$(x+2\,022)^2 + y^2 + z^2 = 8$		

276.- Ecuación de la esfera. Escribe la ecuación de la esfera con el centro y radio según la información dada.

Centro y radio	Ecuación canónica de la esfera con centro $C(h,k,l)$ y radio r
$(3,-7,2)$ y 12	
$(-5,2,-3)$ y $\sqrt{19}$	
$\left(\sqrt{2},\pi,0{,}7\right)$ y $\sqrt{e}$	
$(-2,0,2)$ y $8{,}5$	
$\left(1,-\dfrac{1}{2},-3\right)$ y 6	
$\left(0,\sqrt{2},-\dfrac{5}{3}\right)$ y $\dfrac{4}{7}$	

277.- Miscelánea. Determinación de figuras planas con la fórmula de distancia entre dos puntos. Halle los lados de los triángulos con los vértices que se indican, e identifique si es un triángulo isósceles o un triángulo recto, ambas o ninguna.
a) $A(0,0,0), B(2,2,1)$ y $C(2,-4,4)$
b) $M(1,-3,-2), N(5,-1,2)$ y $P(-1,1,2)$.
Tomando como referencia a), si el triángulo se traslada cinco unidades hacia arriba a lo largo del eje z, entonces indique las coordenadas del triángulo trasladado. De forma similar para el caso b), si el triángulo se traslada tres unidades a la derecha a lo largo del eje y, entonces determine las coordenadas del triángulo trasladado.

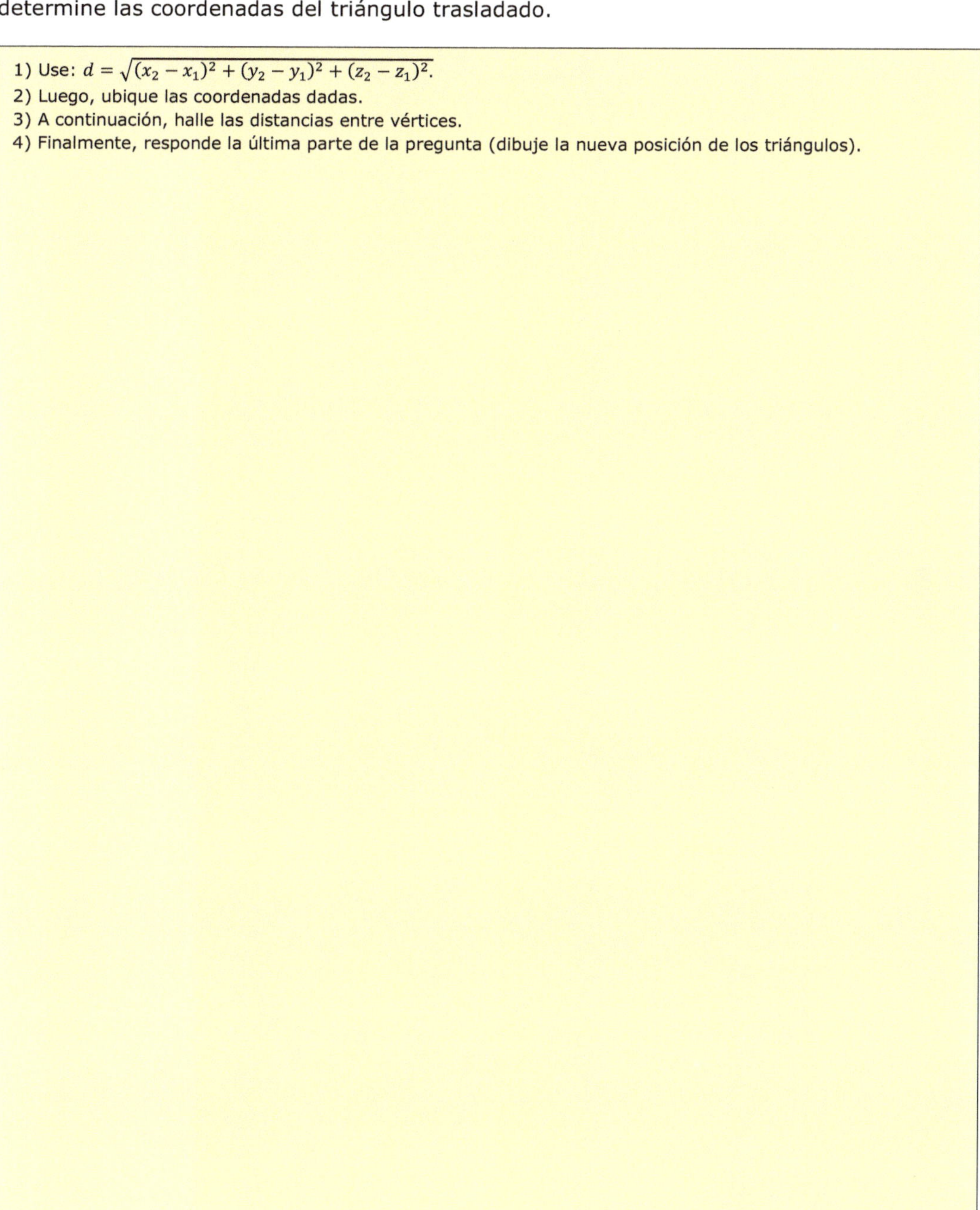

1) Use: $d = \sqrt{(x_2 - x_1)^2 + (y_2 - y_1)^2 + (z_2 - z_1)^2}$.
2) Luego, ubique las coordenadas dadas.
3) A continuación, halle las distancias entre vértices.
4) Finalmente, responde la última parte de la pregunta (dibuje la nueva posición de los triángulos).

RTA. a) $3, 3\sqrt{5}$ y 6: Recto   y   b) $6, 6$ y $2\sqrt{10}$: Isósceles

278.- Miscelánea. Ecuación de la esfera: método completando el cuadrado. Determine el centro y el radio de la esfera dada en su forma general $x^2 + y^2 + z^2 + Gx + Hy + Iz + J = 0$.

1) Empiece enviando los términos independientes o constantes al lado derecho de la ecuación.
2) Luego, agrupe los términos que contienen a x, y y z y enciérrelos entre paréntesis, dejando un espacio para el término independiente que deberá agregar (es la mitad del coeficiente lineal elevado al cuadrado).
3) A continuación, esa cantidad que usted va hallando agréguelo al miembro derecho, así formará el binomio al cuadrado. Revise el ejercicio 196 del libro 2.
4) Finalmente, use la ecuación estándar con centro $C(h, k, l)$ y radio r: $(x - h)^2 + (y - k)^2 + (z - l)^2 = r^2$.

1) $9x^2 + 9y^2 + 9z^2 - 6x + 18y + 1 = 0$

2) $2x^2 + 2y^2 + 2z^2 = 8x - 24z + 1$

RTA. 1) $(0{,}33, -1, 0)$ y 1, y   2) $(2, 0, -6)$ y 6,4

BIBLIOGRAFÍA

- Apostol Tom. Calculus. Editorial Reverté, 2da. Ed. 1998.
- Apostol Tom. Calculus II. Editorial Reverté, 2da. Ed. 1975.
- Arya Jagdish. Matemáticas aplicadas a la administración y economía. México, Pearson, 5ta. Ed., 2009.
- Brigham Eugene. Fundamentos de la administración financiera. 10ma. Ed. 2005.
- Budnick Frank. Matemáticas aplicadas para administración, economía y ciencias sociales. Mc Graw Hill. 4ta Ed. 2006.
- Cordeiro José. Planeamiento estratégico. Convenio Pluspetrol Perú corporation-UNI. 2007.
- Demana Franklin. Precálculo gráfico, numérico, algebraico. México, Pearson, 7ma. Ed., 2007.
- Diccionario de matemáticas. Grupo Editorial Norma, Perú, 1 982.
- Finney Thomas. Cálculo de una variable. México, Addison Wesley Longman, 9na. Ed., 1998.
- Frances Antonio. Estrategia y planes para la empresa. Editorial Pearson. 2006.
- Haeussler Ernest. Matemáticas para administración y economía. México, Pearson, 12ava. Ed., 2008.
- Harshbarger Ronald. Matemáticas aplicadas para administración, economía y ciencias sociales. Mc Graw Hill. 7ma Ed., 2005.
- Hasser, LaSalle, Sullivan. Análisis matemático-Curso intermedio. Editorial Trillas. 1971.
- Kindle J. Geometría analítica. Mc Graw Hill. 1ra. Ed. 2007.
- Kiselion, Krasnov. Problemas de ecuaciones diferenciales ordinarias. Editorial latinoamericana. 3ra. Ed., 1979.
- Hoffmann Laurence. Cálculo aplicado para administración, economía y ciencias Sociales. Mc Graw Hill, 8va.Ed. 2006.
- Krasnov M. Análisis vectorial. Editorial MIR-Moscú. 1981.

- Kreyszig Erwin. Matemáticas avanzadas para ingeniería. Editorial Limusa Wiley. 4ta. Ed. 2013.
- Krugman Paul. Fundamentos de economía. Editorial Reverté, 2008.
- Larson Hostetler. Cálculo. Colombia, Mc Graw Hill. 2006.
- Lass Harry. Análisis vectorial y tensorial. Editorial CECSA. 1ra Ed., 1969.
- Leithold Louis. El Cálculo. México, Grupo Mexicano Mapasa, 7ma Ed., 1998.
- Lehmann Charles. Geometría analítica. Editorial Limusa Wiley. Vigésima edición 1994.
- Lima, Elon Lages. Curso de análisis-volumen 2. IMPA. 1981.
- Marsden Jerrold. Cálculo vectorial. Editorial Pearson, 5ta. Ed. 2006.
- OIT. Cómo interpretar un balance. 2da. Ed. 1998.
- Piskunov N. Cálculo diferencial e integral. Editorial MIR-Moscú. 4ta Ed., 1971.
- Pita Claudio. Calculo vectorial. Editorial Prentice Hall hispanoamericana. 1ra. Ed., 1995.
- Proinversión-Esan. MYPEqueña empresa crece. 2da. Ed. 2007.
- Rogawski Jon. Cálculo de una variable. Editorial Reverté. 2012.
- Samuelson Paul. Economía. Editorial Mc Graw Hill. 19va. Ed. 2010.
- Sadler A. Understanding Pure mathematics. Oxford University Press.
- Santaló Luis. Vectores y tensores con sus aplicaciones. EUDEBA. 1961.
- Snider Davis. Análisis vectorial. Editorial Mc Graw Hill, 6ta. Ed. 1992.
- Soo Tang Tan. Matemáticas para administración y economía. México, International Thomson Editores, 3ra. Ed., 2005.
- Spivak Michael. Calculus. Editorial Reverté, 2da. Ed. 1992.
- Stewart James. Cálculo conceptos y contextos. México, International Thomson Editores, 1 999.
- Sydsaeter Knut. Matemáticas para el análisis económico. Editorial Pearson. 2006.
- Zandin Kjell. Maynard manual del ingeniero industrial (2 tomos). Mc Graw Hill. 5ta. Ed. 2008.
- Zill Dennis. Cálculo. Mc Graw Hill, 4ta. Ed. 2011.
- Zill Dennis. Ecuaciones diferenciales. Cengage, 9na. Ed. 2009.

Colección

DEL COLEGIO A LA UNIVERSIDAD II

Pasitos de bebé

¡Compre la colección en tapa blanda!

¡Compre los libros 1, 3, 4, 5, 6, 7, 8 y 9!